高等职业教育

人工智能应用

主 编 ◆ 陈 萍 刘培培 陈孟军

副主编 ◆ 陈嘉禾 丁 红 张 雪

中国水利水电出版社
www.waterpub.com.cn

·北京·

内 容 提 要

为推动我国人工智能应用与发展，作者团队根据《全国计算机等级考试二级 Python 语言程序设计考试大纲（2023 年版）》、上海市高等学校信息技术水平考试《一级人工智能技术及应用考试大纲》《二级 Python 语言程序设计考试大纲》的要求精心编写了本教材。教材主要内容包括人工智能概述、人工智能的核心技术、人工智能＋、生成式人工智能应用、人工智能编程语言、体验人工智能等。

本教材实操性强，注重提高学生在实际工作中的应用能力，又结合了计算机等级考试大纲的要求，适合作为高等职业院校人工智能基础相关课程的教材，也可作为成人教育的培训教材，以及参加人工智能基础水平考试人员的参考教材。

图书在版编目（CIP）数据

人工智能应用 / 陈萍，刘培培，陈孟军主编．
北京 ：中国水利水电出版社，2024．12（2025.5 重印）.
（高等职业教育通识类课程教材）. -- ISBN 978-7-5226-3007-6

Ⅰ．TP18

中国国家版本馆 CIP 数据核字第 20242RV133 号

策划编辑：石永峰　责任编辑：张玉玲　加工编辑：黄振泽　封面设计：苏　敏

书　名	高等职业教育通识类课程教材 **人工智能应用** RENGONG ZHINENG YINGYONG	
作　者	主　编　陈　萍　刘培培　陈孟军 副主编　陈嘉禾　丁　红　张　雪	
出版发行	中国水利水电出版社 （北京市海淀区玉渊潭南路 1 号 D 座　100038） 网址：www.waterpub.com.cn E-mail：mchannel@263.net（答疑） 　　　　 sales@mwr.gov.cn 电话：（010）68545888（营销中心）、82562819（组稿）	
经　售	北京科水图书销售有限公司 电话：（010）68545874、63202643 全国各地新华书店和相关出版物销售网点	
排　版	北京万水电子信息有限公司	
印　刷	三河市德贤弘印务有限公司	
规　格	184mm×260mm　16 开本　13.25 印张　331 千字	
版　次	2024 年 12 月第 1 版　2025 年 5 月第 2 次印刷	
印　数	3001—7000 册	
定　价	49.00 元	

凡购买我社图书，如有缺页、倒页、脱页的，本社营销中心负责调换

前　言

在科技飞速发展的今天，人工智能（Artificial Intelligence，AI）作为新一轮科技革命和产业变革的核心驱动力，正以前所未有的速度推动着全球经济的转型与升级。近年来，生成式人工智能取得了显著进展，以 ChatGPT 为代表的大型语言模型（Large Language Model，LLM）展现了强大的文本生成和理解能力。这些模型不仅能够与人进行流畅对话，还能辅助内容创作、代码编写等多种任务，极大地拓宽了人工智能的应用边界。编者编写了这本《人工智能应用》教材，旨在帮助读者更好地学习 AIGC 应用，同时为备考计算机等级考试打下良好的基础，让读者在掌握 AI+ 理论的基础上，提高对人工智能工具 Python 的实际操作和应用能力。

本教材的特点主要体现在以下几个方面。

（1）理实一体，内容全面。本教材是一本人工智能应用通识课程的教材，理论与实践相结合，内容难度适中，通过大量实例和习题，帮助读者提高实际操作和应用能力，可以让读者全面了解人工智能在各个领域的应用，并掌握人工智能主要开发工具的操作。

（2）案例驱动，多元应用。本教材采用了百度语言大模型文心一言、百度 AI 艺术和创意辅助平台文心一格、讯飞星火认知大模型、讯飞智文 AI 一键生成 PPT/Word 的网站平台，并通过案例讲解国产 AI 各类大模型在实际工作中的应用。

（3）融入考点，覆盖要求。本教材按照计算机等级考试人工智能基础考试大纲的要求编写，将部分频率高的历届考试知识点融入教材中，覆盖了考试的技能要求。

（4）弹性设计，兼顾专业。本教材每一个章节设计弹性，兼顾不同专业的教学需求，师生可根据自己的专业特点进行选择性学习。例如，理工类专业的读者可以选择人工智能开发工具 Python 程序设计语言进行学习。

（5）资源丰富，思政融合。本教材配套电子课件、大纲、案例等资源；教材融合了思政元素，讲解国产语言大模型，介绍中国信息技术、智能制造、物联网等行业所取得的瞩目成就，激发读者爱国热情，增强民族自豪感。

本教材由陈萍、刘培培、陈孟军任主编，陈嘉禾、丁红、张雪任副主编，参与本教材编写和审核工作的老师还有敖青云、朱晓玉、李立、赵炯光、石佳玉、丁姝慧、黎佳妮、崔柳锋、王岩松、程晓冰、康乐、丁姝慧、黎佳妮、张锦程、张彬、查瑶、代永辉、任宝营、高艺、张庆新。在此对他们的辛苦付出表示衷心的感谢。

由于编写时间仓促，加之编者水平有限，本教材出现错误与不妥之处在所难免，恳请专家和读者提出批评意见，在此深表感谢！编者邮箱：katecp@126.com。

编者

2024 年 9 月

目 录

第1章　人工智能概述

1.1　人工智能的概念

人工智能的概念

1.1.1　什么是人工智能

人工智能是计算机科学的一个研究分支，是研究、开发用于模拟、延伸和扩展人的智能的理论、方法、技术及应用系统的一门新的技术科学。人工智能主要研究智能的实质，并生产出一种新的且能与人类智能相似的方式做出反应的智能机器。

通俗地说，人工智能就是用机器（一般指计算机）模拟人类大脑的信息处理能力。

计算机最初的功能是用来实现运算，即模仿人类大脑的运算功能。它可以接收用户输入的数字，完成各种复杂的计算。

随着计算机硬件、软件技术的发展，计算机可以接收的信息种类越来越多，可以完成的功能也越来越复杂。现在，它已经具有了一定的"智能"。

让计算机产生智能需要三个要素：数据、算法、算力。

（1）数据。数据是实现人工智能的首要因素，是机器学习的基础。数据也是一切智慧体的学习资源，是智慧的来源。没有了数据，任何

计算机产生智能需要三个要素

智慧体都很难学习到知识。在人工智能系统中，数据被用来训练和优化算法，不断提高系统的"智能"水平。智慧体处理的数据越多，它就越智能。最近十几年，随着互联网的迅猛发展和普及，数据量暴涨，所以推动了人工智能技术的新一轮发展。

（2）算法。人工智能算法是实现如何对海量的数据进行处理、分析的方法，其本质是构建一个能够实现数据处理的模型。这个模型被设计好以后，通过对大量数据的学习训练，不断调整优化这个模型的参数，使它的功能达到最佳。

人们可以明显感受到手机的语音识别功能越来越强大，识别率也越来越高。这是因为随着使用的普及，使用的人越来越多，数据也越来越多，模型被训练得准确率越来越高。

（3）算力。就像一个人要想有强大的学习能力必须有强大的大脑支持一样，对大量数据进行训练也需要功能强大的计算机硬件支持，这就是算力，即计算机的计算能力。比如一个人的大脑很聪明，但是很容易累，说明他的大脑算力不够。

在20世纪90年代，一些人工智能算法就已经很成熟了，但是数据量不足、算力不够，所以限制了人工智能的发展。现在计算机的计算能力已经能够满足人工智能训练的需要，因此带动了人工智能的发展。

人工智能技术是在计算机技术的基础上发展起来的，人工智能技术是计算机技术和网络技术发展到一定阶段的产物。大数据、算法、算力的发展一起推动了人工智能的发展。

虽然人工智能和人类智能并不相同，但基本原理类似。一个人如果想成功，首先要学习大量的知识，其次需要有正确的学习方法，最后需要有强健的体魄。这对应人工智能发展需要的三要素：数据、算法、算力。

1.1.2　图灵测试

如何判断一台机器（可以是硬件，也可以是软件）是否具有智能呢？

英国数学家、逻辑学家，被称为计算机科学之父和人工智能之父的艾伦·图灵（Alan Turing）（图 1-1）提出了著名的图灵测试。

图 1-1　艾伦·图灵

图灵测试的核心思想是，如果一台机器在与人类的对话中，能够使得测试者无法区分对话的对象是人类还是机器，那么就可以认为这台机器具有智能。

从表面上看，要使机器在一定范围内回答提出的问题似乎没有什么困难，可以通过编制特殊的程序来实现。然而，如果提问者并不遵循常规标准，如提出是机器还是人？就很容易分辨出来。因为图灵测试没有规定问题的范围和提问的标准，所以如果想要制造出能通过测试的机器，就需要机器具有学习能力、思考能力、推理能力、判断能力，能够对提问给予符合常理的回答。

图灵测试看似简单，其实非常严苛，因为提问者的问题没有限制范围，这对机器的要求非常高。直到 2014 年，才有一个聊天机器人电脑程序成功让人类相信它是一个 13 岁的男孩，成为有史以来首台通过图灵测试的计算机。

不过，随着人工智能技术的发展，人工智能产品种类的丰富已经超出了当初图灵的设想，所以图灵测试已经不是判断机器是否具有智能的唯一标准。

1.2　人工智能的发展

人工智能的发展

计算机是 20 世纪 40 年代发明的，伴随着计算机的发展，人工智能的概念在 20 世纪 50 年代被提出来。

70 多年来，人工智能的研究经历了热潮和低潮。因为人工智能的发展需要大数据技术的支持，也需要计算机强大的计算能力支撑，所以只有当计算机的计算能力发展到一定阶段，当互联网平台的迅猛发展提供了海量的数据，人工智能才能在此基础之上得到发展，这也是最近十几年人工智能迅猛发展的主要原因。

因为人工智能的概念起源于国外，所以下面先介绍人工智能在国外发展过程中的里程碑式事件，然后讲解人工智能在国内的发展历程和政策支持。

1.2.1　人工智能在国外的发展

1950 年，艾伦·图灵发表了论文《计算机器和智能》，提出了智能的概念和图灵测试。

1952 年，计算机科学家亚瑟·塞缪尔（Arthur Samuel）（被誉为"机器学习之父"）设计了一款西洋跳棋程序，这是一款具有学习能力、具有智能特性的程序。

1956 年，人工智能领域的科学家在达特茅斯开了一个讨论会，讨论的主题是用机器来模仿人类学习以及其他方面的智能。这次会议在人工智能发展史上有重要意义，这一年被称为"人工智能元年"。

1958 年，约翰·麦卡锡（John McCarthy）开发了 Lisp，这是人工智能研究中很受欢迎的编程语言，也是一门应用非常广泛的人工智能语言。

1961 年，乔治·德沃尔（George Devol）发明的工业机器人 Unimate 成为第一个在新泽西州通用汽车装配线上工作的机器人。Unimate 是一个机械臂，如图 1-2 所示，它的职责包括从装配线运输压铸件并将零件焊接到汽车上。

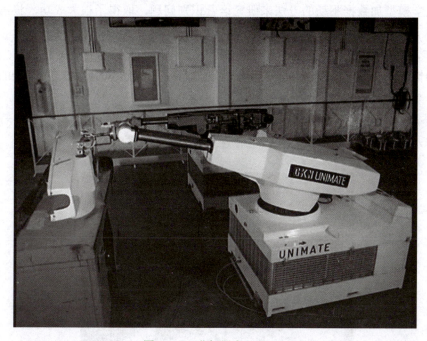

图 1-2　工业机器人 Unimate

1968—1972 年，美国斯坦福国际研究所研制了移动式机器人 Shakey，如图 1-3 所示。这是第一台具备一定人工智能，能够自主进行感知、环境建模、行为规划并执行任务的机器人。

1970 年，第一个拟人机器人 WABOT-1（图 1-4）在日本早稻田大学建造，它包括了肢体控制系统、视觉系统、会话系统。WABOT-1 可以用嘴巴进行简单的日语对话，用耳朵、眼睛测量距离和方向，再靠双脚行走前进，而且双手也具有触觉，可以搬运物体。

图 1-3 移动式机器人 Shakey   图 1-4 WABOT-1 机器人

1972 年，计算机科学家、康奈尔大学教授弗莱德里克·贾里尼克（Frederick Jelinek）采用统计学数学模型加数据驱动的方法来研究语音识别问题，取得了很大成功，将语音识别率提高到 90% 以上。

1979 年，斯坦福大学人工智能研究中心研制出一个移动机器人斯坦福推车。它在没有人工干预的情况下自动穿过摆满椅子的房间，前后行驶了 5 个小时，相当于早期的无人驾驶汽车。

1980 年，日本早稻田大学研制出 WABOT-2 机器人（图 1-5）。这是一个人形音乐机器人，可以与人沟通、阅读乐谱，还可以使用电子琴演奏普通难度的乐曲。

图 1-5 WABOT-2 机器人

1986 年，慕尼黑大学开发了一辆配备摄像头和传感器的无人驾驶的奔驰厢式货车。它能够在没有人类驾驶员的情况下，在没有其他障碍物的道路上行驶。

1988 年，罗洛·卡朋特（Rollo Carpenter）开发了聊天机器人 Jabberwacky，它可以用有趣、娱乐、幽默的方式模拟人类对话。

1989 年，燕乐存与 AT&T 贝尔实验室的其他研究人员携手合作，成功将反向传播算法应用于多层神经网络，它可以识别手写邮编数字。但由于当时的计算机算力存在限制，训练神经网络花了三天时间。

1995 年，理查德·华莱士（Richard Wallace）开发了聊天机器人 A.L.I.C.E。由于互联网已经出现，互联网为华莱士提供了海量的自然语言数据样本。

1997 年，计算机科学家赛普·霍克赖特（Sepp Hochreiter）和于尔根·施密德伯（Jurgen Schmidhuber）开发了长短期记忆网络。这是一种时间递归神经网络，用于手写和语音识别。

1997 年，由 IBM 开发的国际象棋电脑"深蓝"（Deep Blue）成为第一个赢得国际象棋比赛并与世界冠军相匹敌的人工智能系统。

1998 年，戴夫·汉普顿（Dave Hampton）和钟少男发明了 Furby，这是第一款儿童玩具机器人，最大的特点是可以通过和主人谈话来学习语言。

1999 年，索尼推出了 AIBO，一款价值 2000 美元的机器人宠物狗。它通过与环境、所有者和其他 AIBO 的互动来"学习"，其功能包括理解和响应 100 多个语音命令并与其所有者进行通信。

2000 年，MIT 研究人员西蒂亚·布雷泽尔（Cynthia Breazeal）开发了 Kismet 机器人，如图 1-6 所示，这是一个可以识别、模拟表情的机器人。

2000 年，本田推出了 ASIMO。它是一个人工智能拟人机器人，可以像人类一样快速行走，可以在餐馆内将盘子送给客人。

2002 年，i-ROBOT 发布了 Roomba。它是一种自动真空吸尘器机器人，可在避开障碍物的同时进行清洁。人工智能开始进入家居领域，替代人类做一些简单重复的工作。

2004 年，美国国家航空航天局的机器人火星探索漫游者在没有人为干预的情况下探索火星的表面，如图 1-7 所示。

图 1-6 Kismet 机器人

图 1-7 漫游者

2006 年，"机器阅读"这一术语出现，意思是系统不需要人的监督就可以自动学习文本。

2007 年，杰弗里·辛顿（Geoffrey Hinton）发表了论文 *Learning Multiple Layers of Representation*。根据他的构想可以开发出多层神经网络，包括自上而下的连接点，可以生成感官数据训练系统，而不是用分类的方法训练。因为多层神经网络的出现，人工智能开始进入飞速发展阶段。

2009 年，谷歌秘密开发了一款无人驾驶汽车。2014 年，它通过了内华达州的自动驾驶测试。

2009 年，西北大学智能信息实验室的研究人员开发了 Stats Monkey，它是一款可以自动撰写体育新闻的程序，不需要人类干预。

从 2010 年开始，人工智能已经融入人们的日常生活中。人们使用具有语音助理功能的智能手机和具有"智能"功能的计算机，很多购物网站开始根据个人喜好来进行广告推送，一些智能小家电开始走进人们的生活。人工智能进入了迅猛发展的阶段。

2010 年，ImageNet 大规模视觉识别挑战赛举办，该挑战赛旨在比较人工智能产品在影像辨识和分类方面的运算能力。

2011 年，苹果发布了 Siri——一款苹果 iOS 操作系统的虚拟助手。Siri 能够通过指令自动创建提醒、预先设定日程活动或为用户提供有关餐馆和天气的信息。它适应语音命令，并为每个用户投射"个性化体验"。

2011 年，瑞士 Dalle Molle 人工智能研究所发布报告称，用卷积神经网络识别手写笔迹，错误率只有 0.27%，与前几年 0.35% ~ 0.4% 的错误率相比，进步巨大。

2012 年，杰夫·迪恩（Jeff Dean）和吴恩达发布了一份实验报告。他们向大型神经网络展示了 1000 万张随机从 YouTube 视频中抽取的未标记的图片，发现其中的一个人工神经元对猫的图片特别敏感，能够识别出猫。

2013 年，来自卡内基梅隆大学的研究团队发布了 NEIL 程序，这是一种可以比较和分析图像关系的语义机器学习系统。

2014 年，微软发布了全球第一款个人智能助理 Cortana，它是微软在机器学习和人工智能领域方面的尝试。

2014 年，亚马逊创建了语音助手 Alexa，后来发展成智能扬声器，可以充当"个人助理"。

2016 年，谷歌 DeepMind 公司研发的围棋机器人 AlphaGo 击败围棋冠军李世石。AlphaGo 的原理就是深度学习。

2016 年，美国机器人公司 Hanson Robotics 创建了一个名为 Sophia 的人形机器人，她被称为第一个"机器人公民"。Sophia 与以前类人生物的区别在于她与真实的人类相似，能够看到（图像识别）物体，做出面部表情，还能够与人类正常交流。

2016 年，谷歌发布了一款智能扬声器 Google Home，使用人工智能充当"个人助理"，帮助用户记住任务、创建约会，并通过语音搜索信息。

2017 年，Facebook 人工智能研究实验室培训了两个"对话代理"（聊天机器人），以便相互沟通，学习如何进行谈判。之后，他们偏离了人类语言（用英语编程）并发明了自己的语言来相互交流，在很大程度上展示了人工智能的强大学习能力。

2017 年，由谷歌 DeepMind 公司团队开发的围棋机器人 AlphaGo 与排名世界第一的世界围棋冠军柯洁对战，以 3:0 的总比分获胜。

2018 年，OpenAI 推出了第一代 GPT-1，这是 OpenAI 在 2018 年推出的第一代生成式预训练模型。GPT-1 的发布标志着自然语言处理领域的一个重要进展。

2019 年，OpenAI 推出了第二代 GPT-2。

2020 年，OpenAI 推出了第三代 GPT-3，这是生成式预训练模型（Generative Pre-trained

Transformer，GPT）系列模型的一个重要里程碑，标志着自然语言处理技术的又一进步。在GPT-3 的基础上，2022 年 OpenAI 推出了 ChatGPT，这是一款聊天机器人，能够进行自然、流畅的对话，还能够实现文本生成、自动翻译、摘要生成、知识问答、程序生成、图片生成等功能。随着它的广泛使用，它的数据越来越多，版本不断升级，功能也越来越强大。

2024 年，OpenAI 正式发布文生视频模型 Sora。Sora 能够根据用户的需要生成各种场景下的视频，视频可以呈现"具有多个角色、特定类型的动作以及主题和背景的准确细节的复杂场景"。

最近几年，人工智能技术的应用越来越普及，发展速度也越来越快，对人们生活的影响也越来越大。人工智能技术在让人们生活更加便捷的同时，也将在很多领域替代人的工作，人类社会将面临很大的挑战和转型。

1.2.2　人工智能在国内的发展

我国的人工智能研究主要起步于改革开放以后。进入 21 世纪，人工智能开始蓬勃发展，在研究和应用领域都取得了丰硕成果。特别是近几年来，我国的人工智能发展已成为国家战略发展的重要组成部分。

1978 年，全国科学大会在北京召开，提出了"向科学技术现代化进军"的战略决策，促进了我国科学事业的发展，包括人工智能领域的初步解禁和活跃。

1981 年，中国人工智能学会在长沙成立，标志着我国人工智能领域学术组织的正式建立。

1982 年，中国人工智能学会刊物《人工智能学报》在长沙创刊，成为国内首份人工智能学术刊物。

1980 年，我国开始派遣留学生出国研究人工智能，并开展了一些基础性的研究工作。

1990 年，我国加大了对人工智能领域的投入，研究人员在神经网络、遗传算法等方面取得了重要成果。

2006 年，中国人工智能学会联合其他学会和有关部门，在北京举办了"庆祝人工智能学科诞生 50 周年"大型庆祝活动，并举办了"浪潮杯首届中国象棋计算机博弈锦标赛"暨"浪潮杯首届中国象棋人机大战"，彰显了我国人工智能科技的进步。

2014 年，随着大数据、云计算、移动互联网等新一代信息技术的快速发展，中国人工智能产业迎来了新的发展机遇，进入了百花齐放的快速发展阶段，国家也出台了一系列推动人工智能发展的战略规划。

2015 年 5 月，国务院发布《中国制造 2025》，部署全面推进实施制造强国战略。这是我国实施制造强国战略的第一个十年的行动纲领，其中核心内容就是实现制造业的智能化升级。

2015 年 7 月，北京召开了"2015 中国人工智能大会"。发表了《中国人工智能白皮书》，包括"中国智能机器人白皮书""中国自然语言理解白皮书""中国模式识别白皮书""中国智能驾驶白皮书"和"中国机器学习白皮书"，为我国人工智能相关行业的科技发展描绘了一个轮廓，给产业界指引了一个发展方向。

2016 年 4 月，《工业和信息化部　发展改革委　财政部关于印发〈机器人产业发展规划（2016—2020 年）〉的通知》（工信部联规〔2016〕109 号），为"十三五"期间我国机器人产业发展描绘了清晰的蓝图。人工智能也是智能机器人产业发展的关键核心技术。

2016 年 5 月，中华人民共和国国家发展和改革委员会和中华人民共和国科学技术部等四部门发布了《关于印发〈"互联网+"人工智能三年行动实施方案〉的通知》（发改高技〔2016〕1078 号），明确未来三年智能产业的发展重点与具体扶持项目，进一步体现出人工智能已被提升至国家战略高度。

2017 年 7 月 8 日，《国务院关于印发新一代人工智能发展规划的通知》（国发〔2017〕35 号）提出："为抢抓人工智能发展的重大战略机遇，构筑我国人工智能发展的先发优势，加快建设创新型国家和世界科技强国。"

2021 年，国家"十四五"规划将新一代人工智能技术作为重点发展规划，其中和人工智能技术密切相关的云计算技术、大数据技术、物联网技术、工业互联网、5G 通信等都是"十四五"规划重点发展的产业。

2022 年，《科技部等六部门关于印发〈关于加快场景创新以人工智能高水平应用促进经济高质量发展的指导意见〉的通知》（国科发规〔2022〕199 号），旨在推进人工智能场景创新，着力解决人工智能重大应用和产业化问题，全面提升人工智能发展质量和水平，更好支撑高质量发展。

2024 年，《工业和信息化部　中央网络安全和信息化委员会办公室　国家发展和改革委员会　国家标准化管理委员会联合印发国家人工智能产业综合标准化体系建设指南（2024 版）的通知》（工信部联科〔2024〕113 号），旨在加速与实体经济深度融合，全面赋能新型工业化。

一系列国家纲领性文件的出台都体现了我国已经把人工智能技术提升到国家战略发展的高度，为人工智能的发展创造了前所未有的优良环境，也赋予人工智能艰巨而光荣的历史使命。

我国的人工智能研究和应用也取得了丰硕的成果，正在逐渐改变很多行业的形态，也在逐渐改变人们的生活方式。

我国企业在研发更快、更高效的人工智能芯片方面取得了重要进展，如华为的昇腾 AI 芯片和寒武纪的 MLU 芯片，这些芯片为我国的人工智能产业提供了强大的算力支持。

清华大学戴琼海团队研制出了国际首个全模拟光电智能计算芯片，该芯片展现了我国在光电智能计算领域的领先实力。

在量子计算领域，我国科学家和研究机构也取得了突破性进展。例如，北京量子信息科学研究院联合中国科学院物理研究所、清华大学等团队完成了量子云算力集群的研发，实现了五块百比特规模量子芯片算力资源和经典算力资源的深度融合，总物理比特数达到 590，综合指标进入国际第一梯队。

我国的语音识别技术在全球范围内处于领先地位，并广泛应用于语音识别、语音合成、自然语言处理、智能语音交互等多个领域。百度和科大讯飞等企业已成为全球领先的语音识别技术提供商。

在医疗领域，我国的 AI 医疗企业正在研发智能医疗设备和算法，如病理影像诊断、心电图分析等，这些技术已经在肿瘤、心脏病等多种疾病的诊断和治疗中发挥重要作用。

我国的智能制造将人工智能技术、物联网技术、云计算技术等高新技术应用于制造业，实现了制造过程的智能化、自动化和数字化，提高了制造效率和质量，降低了制造成本。

我国的无人驾驶技术取得了显著进展，通过使用高精度地图、激光雷达、摄像头等传感器，车辆能够实现自主驾驶，并避免与其他车辆和障碍物发生碰撞。

我国正在加快建设大规模的算力集群和数据中心，以支持人工智能技术的研发和应用。这些基础设施的建设为人工智能产业的发展提供了强有力的支撑。

目前，人工智能的核心技术之大数据技术、云计算技术、人工神经网络技术、5G 通信技术在我国都得到了迅猛发展，并得到国家的大力支持，取得了很多应用成果，进一步推动了人工智能技术的迅猛发展，并将由此推动国家的经济建设和工业升级，实现中华民族的伟大复兴。

1.3 人工智能的分类

人工智能的分类

最近几年，人工智能飞速发展，在各个行业都得到了大量的应用，人工智能产品随处可见。随着人工智能越来越智能，很多人不禁担心"人工智能会取代人类"。

其实，人工智能的本质作用是帮助人类脱离烦琐劳累的工作，而不是取代人类。而且，目前人工智能的发展水平还不足以取代人类。

从和人的融合程度来划分，人工智能产品的发展可以划分为三个阶段。

（1）"识你"阶段。该阶段是指让机器人或者设备来认识你，知道你是谁，比如人脸识别、语音识别、指纹识别等。

（2）"懂你"阶段。该阶段是指让机器知道你想要什么、习惯什么、喜欢什么，知道你的日常行为，这是深度场景融合。

（3）"AI 你"阶段。该阶段是指人工智能真正能够为人类提供点对点的定制化的智能服务，真正进入智能时代，也是人工智能的终极目标。

目前，人工智能产品基本实现了"识你"，正在"懂你"的路上飞速发展，终究在未来实现"AI 你"。

按照功能强度来划分，人工智能可分为三种类型，分别是弱人工智能、强人工智能、超人工智能。

1. 弱人工智能

弱人工智能（Artificial Narrow Intelligence，ANI）是指只具有某个方面能力的人工智能。比如，能战胜围棋世界冠军的人工智能 AlphaGo，它只会下围棋，如果问它其他的问题，它就不知道怎么回答了。这种只具有单方面能力的人工智能就是弱人工智能。

人们身边的弱人工智能应用很多，比如智能音箱，具有语音识别功能，可以根据指令要求播放故事或歌曲，可以定时，可以提醒主人相关事宜；智能手机上的购物软件，可以分析用户购物习惯、搜索记录，进行个性化推送；扫地机器人会自动规划路径，听得懂语音指令，能够自动充电，……它们都只具有某个方面的智能。

2. 强人工智能

强人工智能（Artificial General Intelligence，AGI）是一种能力和人类相似的人工智能。

强人工智能在各方面都能和人类智能比肩，人类能干的脑力活、体力活，它都能干。强人工智能具备人类的心理能力，能够思考、计划、解决问题、具有抽象思维、理解复杂理念、快速学习和从经验中学习等。强人工智能在进行这些活动时和人类一样得心应手。

创造强人工智能产品比创造弱人工智能产品难得多，涉及电子技术、计算机技术、机械技术、自然语言处理技术等各种技术学科。

3. 超人工智能

超人工智能（Artificial Super Intelligence，ASI）几乎在所有领域都比人类大脑聪明很多，包括科学创新、通识和社交技能。

目前，人工智能的发展还处在弱人工智能向强人工智能发展的路上，还没有任何迹象表明人类可以制造出超人工智能。超人工智能目前仍然只是一个概念。

思考与探索

一、选择题

1. 一般来说，（　　　）、数据和算力被认为是推动人工智能发展的三大要素。

　　A．算法　　　　　　B．物联网　　　　　C．数学　　　　　　D．网络

2. 下列关于人工智能的描述，错误的是（　　　）。

　　A．人工智能是计算机科学的一个分支

　　B．人工智能的发展离不开人的设计，所以它不会对人类带来风险

　　C．人工智能是我国新一轮科技革命和产业变革的重要驱动力量

　　D．人工智能已经开始逐渐与各领域紧密结合，渗透人们日常生活的方方面面

3. 人工智能的目的是让机器能够（　　　）。

　　A．具有完全的智能　　　　　　　　B．和人脑一样考虑问题

　　C．完全代替人　　　　　　　　　　D．模拟、延伸和扩展人的智能

4. 符号主义认为人工智能源于（　　　）。

　　A．仿生学　　　　　　B．人脑模型　　　　C．数理逻辑　　　　D．控制论

二、简答题

1. 最近三年，有哪些人工智能技术的应用改变了你的生活？

2. 你觉得未来二十年有哪些职业会被人工智能取代？

3. ChatGPT 是强人工智能吗？

第 2 章 人工智能的核心技术

因为人工智能模拟人类的意识、思维和行为，所以对人类视觉、听觉、语言能力、思维能力、肢体动作的模仿是人工智能的重要研究方向。目前，人工智能的核心技术有人工神经网络、机器学习、深度学习、知识图谱、自然语言处理、机器视觉、语音识别、机器人技术等。

2.1 人工神经网络

因为互联网的普及和物联网的发展，大量的互联网用户和联网的设备产生了海量的数据，这些大数据相当于人工智能发展的"燃料"。集成电路的发展、云计算技术的发展为人工智能的发展提供了强大的算力，相当于人工智能发展的"发动机"。如何对这些数据进行训练呢？这就涉及人工智能发展中的第三个要素——算法，即如何实现智能的方法。

目前，人工智能应用最为广泛的算法是人工神经网络。

2.1.1 神经元模型

人脑的神经网络由神经元构成，一个神经元通常具有多个树突，主要用来接收输入信息；而轴突只有一条，尾端有许多轴突末梢，可以给其他多个神经元传递信息。轴突末梢跟其他神经元的树突产生连接，从而传递信号。这个连接的位置在生物学上叫突触。

人脑中的神经元如图 2-1 所示。细胞体内有膜电位，从外界传递过来的电流使膜电位发生变化，并且不断累加，当膜电位升高到超过一个阈值时，神经元被激活，产生一个脉冲，传递到下一个神经元。

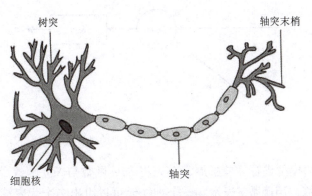

图 2-1 人脑中的神经元

1943 年，心理学家沃伦·麦卡洛克（Warren McCulloch）和数学家沃尔特·皮茨（Wacter Pitts）参考了生物神经元的结构，发表了抽象的神经元模型，即麦卡洛克 - 皮茨模型（McCulloch-Pitts Model）。

神经元模型是一个包含输入、输出与计算功能的模型。输入可以类比为神经元的树突，输出可以类比为神经元的轴突，计算则可以类比为细胞核。

一个典型的神经元模型如图 2-2 所示，包含三个输入，一个输出，以及两个计算功能。中间的箭头线称为"连接"。每个"连接"上有一个"权值"。

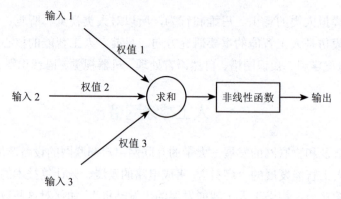

图 2-2　神经元模型

一个神经网络的训练算法就是将权重的值调整到最佳，使整个网络的预测效果最好。

为了方便建立一个数学模型，这里使用 a 来表示输入，用 w 来表示权值。一个表示连接的有向箭头可以这样理解：在初端，传递的信号大小仍然是 a，端中间有加权参数 w，经过这个加权后的信号会变成 $a \cdot w$，因此在连接的末端，信号的大小就变成了 $a \cdot w$。

中间的"求和"表示将所有经过加权后的信息相加。如果将神经元模型中的所有变量用符号表示，则输出的计算公式为：$z=g(a_1 \cdot w_1+a_2 \cdot w_2+a_3 \cdot w_3)$，如图 2-3 所示。

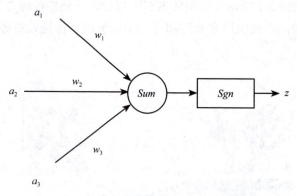

图 2-3　用符号表示的神经元模型

下面对神经元的模型进行一些扩展。首先将 Sum 函数与 Sgn 函数合并到一个圆圈里，代表神经元的内部计算，用函数 f 表示。一个神经元可以引出多个代表输出的有向箭头，但值都是一样的，如图 2-4 所示。

神经元模型的使用可以这样理解：有一个数据，称为样本。样本有四个属性，其中三个属性已知，一个属性未知。需要做的就是通过三个已知属性预测未知属性，具体办法就是使用神经元的公式进行计算。三个已知属性的值是 a_1、a_2、a_3，未知属性的值是 z，z 可以通过公式计算出来。

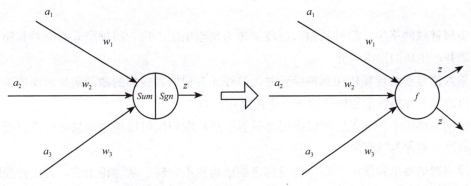

图 2-4　神经元模型扩展

这里，已知的属性称为特征，未知的属性称为目标。假设特征与目标之间是线性关系，并且已经得到表示这个关系的权值 w_1、w_2、w_3。那么，可以通过神经元模型预测新样本的目标。单个神经元模型的功能有限，所以需要使用大量的神经元模型构成神经网络。

2.1.2　人工神经网络

人工神经网络是一种模仿动物神经网络行为特征，进行分布式并行信息处理的算法数学模型，由大量神经元模型相互连接而成为网络，是用来模拟生物神经系统的信息处理过程。

1. 人工神经网络的构成

人工神经网络的基本组成包括以下几部分。

（1）人工神经元。这是神经网络的基本处理单元，每个神经元接收来自其他神经元的输入信号，通过加权求和、激活函数处理等方式产生输出信号。

（2）连接与权重。神经元之间的连接模拟了生物神经元之间的突触，这些连接具有不同的权重，用于调节信号传递的强度。

（3）层结构。神经网络通常由多层神经元组成，包括输入层、隐藏层和输出层。输入层负责接收外部输入信号，隐藏层负责处理输入信号并提取特征，输出层则负责产生最终的输出结果。

人工神经网络模型如图 2-5 所示。

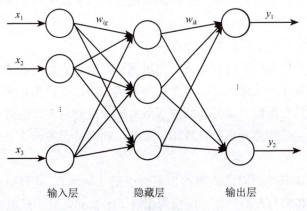

图 2-5　人工神经网络模型

2. 人工神经网络的工作原理

在多层神经网络中，信号从输入层逐层传递到输出层，每一层神经元都会对其输入信号进行处理并产生新的输出信号。

当输入信号通过连接传递到神经元时，神经元会根据其内部的激活函数和阈值决定是否产生输出信号，并将该信号传递给下一个神经元。

神经网络结构中，输入层和输出层都只有一层，中间层可以根据信息处理需要设计成多层，中间层又被称为隐藏层。

处理问题的复杂程度不一样，神经网络的结构也不一样。从理论上讲，人工神经网络的层数可以是任意的，但层次越多，计算越复杂，对计算机的处理能力要求也越高。

当人工神经网络被根据需要设计好以后，还需要对这个网络进行训练，才能让这个网络具有某种技能。比如一个能够进行人脸识别的人工神经网络被设计好以后，先让它对成千上万张人脸图片进行识别训练，在训练的过程中根据训练结果调整人工神经网络的结构和参数，让它的识别效果达到最佳。

人工神经网络最擅长的是模式识别，比如图像识别、语音识别、机器翻译、疾病的预测、股市走向预测等。其中图像识别技术应用广泛，像手机中的识花 App、人脸识别、医学影像识别都属于图像识别的应用。

人工神经网络是人工智能的核心技术之一，成功解决了很多智能识别问题，它的出现推动了人工智能的迅猛发展。

2.2 机器学习

人工神经网络—机器学习和深度学习

2.2.1 什么是机器学习

机器学习是人工智能的核心技术，是让计算机具有智能的根本途径，研究的是如何让计算机模拟或实现人类的学习行为，以获取新的知识或技能，能够实现自身的不断进步。

机器学习的对象是大数据，研究如何从海量数据中获取隐藏的、有效的、可理解的知识。大数据时代，如何基于机器学习对复杂多样的数据进行深层次分析、更高效地利用，成为当前大数据环境下机器学习研究的主要方向。

机器学习的原理和人类学习有类似之处。

人类根据自己的经历和经验进行归纳，得出规律。当遇到新的问题时，人类会使用这个规律来进行预测可能发生的结果。比如一个人经常买西瓜、吃西瓜。多次之后，他慢慢得出结论，瓜脐小、纹路分布均匀、瓜蒂卷曲的西瓜大概率是鲜甜多汁的好瓜。当他得出这个规律后，每次买西瓜时，就注意看瓜脐、纹路、瓜蒂，观察是否符合这个规律，如果符合，就估计这是一个好瓜。

机器学习是计算机利用已有的数据得出某种模型（规律），并利用这个模型预测结果的一种方法。这个过程其实与人的学习过程极为相似（图 2-6），只不过机器不知疲倦、可以 24 小时不停地学习，而且过目不忘。

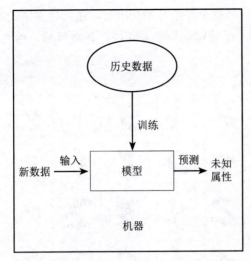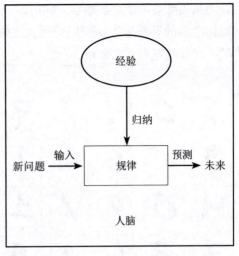

图 2-6 机器学习与人的不同

2.2.2 机器学习的种类

根据所处理的数据类型种类，将学习分为监督学习、无监督学习、半监督学习和强化学习等。

1. 监督学习

监督学习是机器学习中的一种方法，它利用一组已知输入和对应输出的数据集来训练模型，就像老师利用已知题目和答案的习题集来训练学生一样。数据集是监督学习的对象，习题集是学生学习训练的对象。

老师把题目和答案给学生，学生在问题和答案间寻找规律，得到结论。老师再给学生新的题目，学生就可以根据之前得出的学习规律来得出题目的答案。

例如，老师给出表 2-1 的前三行的数据，有输入、有输出，学生根据这个输入和输出的规律来建立规律：输出 = 输入一 + 输入二。

表 2-1 练习数据

输入一	输入二	输出
1	1	2
1	2	3
1	3	4
1	4	?

当学生遇到第 4 行这样的问题时，就根据规律得出结果是 5。

监督学习的原理和这个类似。它所学习的数据都已经有了标签，这个标签就是对数据的分类、标注或注释，从而便于机器学习模型能够从中学习并理解数据的含义和特征。

例如，一个模型需要识别手写数字，监督学习算法可以使用大量已经被标记好的手写数字图像作为训练集，每个图像都有一个标记，指明它是哪个数字，如图 2-7 所示。然后，该算法会自动从训练集中学习到数字之间的差异。当这个算法开始使用后，遇到待识别的数字，就能够根据之前的训练来进行识别使用。比如，手写体识别的系统经过训练以后，给它一个符号"3"，它就能够识别出来是3。

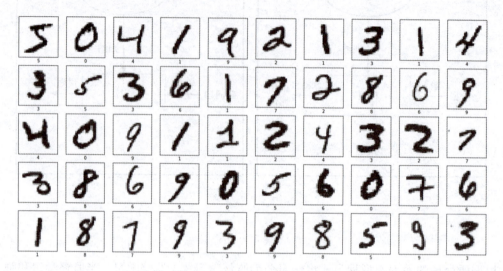

图 2-7　手写体数字数据集样本

监督学习应用广泛，可以应用于图像识别、自然语言处理、语音识别、推荐系统等领域。

监督学习的优点：可以通过大量已有标记数据集训练模型，在训练过程中不断调整参数，使得模型的预测结果更加准确，然后就可以用于对数据进行分类和预测。

监督学习的缺点：需要大量的已标记数据集，这些标记由人工进行，需要大量人力参与。模型只能预测已知类别，对于未知类别的数据无法进行有效预测。

典型的监督学习算法有回归、分类等。

2. 无监督学习

无监督学习，相当于在没有老师、没有答案、只有题目的情况下，学生自学的过程。

在某些人工智能应用领域，因为缺乏足够的先验知识，因此难以人工标注类别或进行人工类别标注的成本太高。人们就希望计算机能代替人们完成这些工作，根据没有标签的训练样本数据解决模式识别中的各种问题，称之为无监督学习。

比如给出下面一组数据：

0.1，0.11，0.105，0.099，0.098，0.12，0.106，0.505，0.111，0.097，0.101，0.102。

虽然这组数据没有标注，但无监督学习能够从中发现数"0.505"属于异常数据。如果画位置图，可以看到这个数字是一个离群数据。

无监督学习在人造卫星故障诊断、视频分析、社交网站解析和声音解析等领域有广泛运用，比如通过物联网设备采集卫星的各项数据，系统能自动分析数据中的特殊异常情况。

无监督学习的优点：无须标记大量数据，降低了数据标记的成本；可以自动发现数据的结构和模式，可以帮助解决一些特定问题，如异常检测、聚类分析等。

无监督学习的缺点：无法利用标记数据进行训练，因此预测结果可能不够准确；很难对生成的结果进行验证和解释，需要人工进一步分析。

典型的无监督算法有聚类、关联等。

3. 半监督学习

半监督学习是最近几年逐渐开始流行的一种机器学习种类。因为对数据进行标识需要耗费大量的人力资源和时间资源，但是无监督学习对于解决分类和回归这样的问题又有一些难度。所以技术人员开始尝试通过对样本进行部分标识，这种部分标识样本训练数据的算法应用，就是半监督学习。相当于在老师的启发下，给出部分对错提示完成学习的过程。

半监督学习的优点：可以减少标记数据的数量，降低数据标记的成本；可以利用未标记数据来提高模型的预测能力，使预测结果更加准确。

半监督学习的缺点：需要大量未标记数据，模型可能会过度拟合未标记数据，导致预测结果不准确，无法处理未知类别的数据。

典型的半监督学习有基于半监督支持向量机、自训练方法等。

4. 强化学习

强化学习相当于在没有老师提示的情况下，自己对预测的结果进行评估的方法，通过这样的自我评估，机器会为了更好、更准确的判断而不断地学习。

在人工智能不断发展的过程中，人类已经不仅仅要求人工智能只给出一个抉择和判断，而是希望人工智能像人一样，根据环境数据做出一系列的判断和动作。无监督学习实现的是对于给定的输入产生一个输出。而强化学习是关于连续决策的，因为智能体需要在一系列的时间点上做出一系列的动作。

强化学习主要用于培养智能体通过与环境的交互来学习最佳决策策略。强化学习的目标是使智能体获得最大的累积奖励，从而学会在特定环境下作出最佳决策。

强化学习的优点：可以处理与环境交互的问题，如机器人导航、自动驾驶等；可以学习最佳策略，使得智能体在特定环境下作出最优决策。

强化学习的缺点：训练时间较长，需要进行大量的试验和训练；需要精心设计奖励函数，使得智能体能够学习到最佳策略。

常见的强化学习算法有 Q-learning、SARSA、DDPG 等。

2.2.3　机器学习算法

1. 回归

回归方法是一种对数值型连续随机变量进行预测和建模的监督学习算法，其任务的特点是标注的数据集具有数值型的目标变量。回归算法包括线性回归（正则化）、回归树（集成方法）、深度学习、最近邻算法等。

2. 分类

分类方法是一种对离散型随机变量建模或预测的监督学习算法，许多回归算法都有与其相对应的分类算法，分类算法通常适用于预测一个类别（或类别的概率）而不是连续的数值。分类算法包括 Logistic 回归（正则化）、分类树（集成方法）、深度学习、支持向量机、朴素贝叶斯等。

3. 聚类

聚类是一种无监督学习任务，该算法基于数据的内部结构寻找观察样本的自然族群（集群），因为聚类是一种无监督学习（数据没有标注），并且通常使用数据可视化评价结果。聚类算法包括 K 均值聚类、AP 聚类、层次聚类、DBScan 等。

4. 异常检测

异常检测指寻找输入样本中所包含的异常数据的问题。在无监督的异常检测问题中，一般采用密度估计的方法，将靠近密度中心的数据作为正常数据，将偏离密度中心的数据作为异常数据。

5. 降维

降维是指从高维度数据中提取关键信息，将其转换为易于计算的低维度问题进而求解的方法。

2.3　深度学习

2.3.1　什么是深度学习

深度学习（Deep Learning，DL）是机器学习（Machine Learning，ML）的一个新领域，于 2006 年被提出。深度学习是一种复杂的机器学习算法，主要用来学习样本数据的内在规律和表示层次，在学习过程中获得的信息可以用来解释文字、图像、声音等数据，让机器能够像人一样具有分析学习能力，能够识别文字、图像和声音等数据。

例如，人在读《红楼梦》时，能够从中获得很多信息，能够对整本书进行概括和总结，能够知道人物之间的关系。人们希望智能系统也能具有这样的文本分析、总结、概括能力。

深度学习的目标就是要求智能系统具有这样的学习能力，能够实现真正的智能。

深度学习在搜索技术、数据挖掘、机器学习、机器翻译、自然语言处理、多媒体学习、推荐系统和个性化技术，以及其他相关领域都取得了很多成果。

深度学习使机器能够模仿视听和思考等人类的活动，从而解决了很多复杂的模式识别难题，使得人工智能相关技术取得了很大进步。

深度学习是在机器学习的基础上发展起来的。

2.3.2　深度学习的常用算法

1. 卷积神经网络

卷积神经网络是一种专门用于处理具有类似网格结构数据的深度学习算法，是图像识别领域的核心算法之一。卷积神经网络仿造生物的视知觉机制构建，在计算机视觉领域应用非常广泛。

2. 循环神经网络

循环神经网络是一种能够处理序列数据的神经网络，具有"记忆"能力。它们通过在网络中引入循环连接，使得网络可以利用先前的输入信息来影响当前的输出。这使得循环神经网络（Recurrent Neural Network，RNN）非常适合处理具有时间依赖性或顺序性的任务。因此 RNN 在自然语言处理、时间序列预测、语音识别等领域中得到了广泛应用。

3. 长短期记忆网络

长短期记忆网络是一种时间循环神经网络，是为了解决一般的 RNN 存在的长期依赖问题而专门设计出来的。

除了上述几种算法，还有一些其他的深度学习算法，不同的算法有各自不同的应用领域。

2.4 知识图谱

知识图谱—自然语言处理

2.4.1 什么是知识图谱

知识与知识之间是有联系的，人们在学习的时候，如果能够学会构建知识图谱，就能够加强知识之间的联系，更有利于知识的深度理解和灵活运用。

知识图谱就是一种以图为基础，结构化表示知识的模型，它通常包含了一系列相互关联的概念、实体和它们之间的关系。

人工智能早期发展中出现了三个主要学派：符号派、连接派、行为派。

（1）符号派认为人类认知和思维的基本单元是符号，注重用计算机符号表示人脑中的知识，以此模拟人的思考、推理过程。符号派目前主要集中于研究人类智能的高级行为，比如推理、规划、知识表示等。

（2）连接派又称为仿生学派或生理学派，它受脑科学的启发，把人的智能归结为人脑的高层活动，强调智能的产生是由大量简单的单元通过复杂的相互连接和并行运行的结果。连接派模拟人脑的生理结构，由此发展了人工神经网络。如今，连接派的深度学习、强化学习技术已应用于图像识别、语音识别、智能推荐等多个领域。

（3）行为派强调模拟人的行为，主要是模拟人类身体的行为。行为派认为人工智能是一种基于"感知 - 行动"的行为智能模拟方法，认为智能取决于感知和行为、取决于对外界复杂环境的适应。行为派主要研究机器人学，研究如何让机器像人一样工作。

知识图谱是符号派的代表，可以帮助人们构建更有学识的人工智能，从而提升机器人推理、理解、联想等功能。而这一点，仅通过大数据和深度学习是无法做到的。

在人工智能研究中，知识图谱是一种结构化的语义知识库，它以图形化的方式描述物理世界中的概念及其相互关系。这种图形结构由节点（表示实体）和边（表示关系）组成，节点和边还可以包含各种属性来进一步描述实体和关系的特性。知识图谱的基本组成单位是"实体 - 关系 - 实体"三元组，以及相关的"属性 - 值对"。这种结构化的表示方式使得计算机能够更好地理解和处理人类语言中的复杂信息。图 2-8 是一个简单的人物关系知识图谱示例，图中的年龄计算到 2024 年。

人工智能未来的发展方向之一就是深度神经网络与符号人工智能的深入结合。

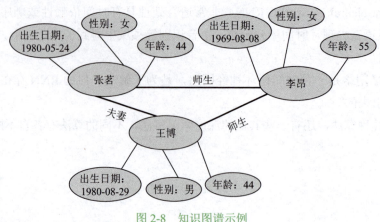

图 2-8　知识图谱示例

2.4.2　知识图谱的构建

知识图谱的构建是一个相对复杂的过程，它需要从各种来源获取、整合和加工大量的数据，包括结构化数据、半结构化数据和非结构化数据等。

通常，知识图谱的构建可以分为以下几个步骤。

（1）数据收集。数据收集是指从各种数据源（如数据库、网页、文本等）中收集大量的数据，包括实体、关系和属性等信息。

（2）数据清洗。数据清洗是指对收集到的数据进行清洗和预处理，去除重复数据、格式化数据、统一数据等。

（3）实体抽取。实体抽取是指从文本中抽取实体，并对实体进行分类和标注。

（4）关系抽取。关系抽取是指从文本中抽取实体之间的关系，并对关系进行分类和标注。

（5）属性抽取。属性抽取是指从文本中抽取实体和关系的属性，并对属性进行分类和标注。

（6）数据建模。数据建模是指将抽取到的实体、关系和属性等信息转化为图形化的知识图谱模型。

（7）知识推理。知识推理是指通过算法和模型对知识图谱进行推理和生成新的知识。

2.4.3　知识图谱的应用

知识图谱可以应用于多个领域，如搜索引擎、智能客服、自然语言处理、数据分析等。

1. 搜索引擎

知识图谱可以帮助搜索引擎更好地理解用户的搜索意图，提供准确的搜索结果。例如，当用户搜索"扬州瘦西湖"时，搜索引擎可以通过知识图谱中的实体"扬州"和"瘦西湖"之间的关系，提供更多和瘦西湖相关的信息，如门票价格、开放时间、相关景点、人物轶事等。

2. 智能客服

知识图谱可以帮助智能客服更好地理解用户的问题，并提供准确的解答。例如，当用户咨询"如何办理退货"时，智能客服可以通过知识图谱中的实体"退货"和"办理"之间的关系，提供相关的办理流程和注意事项。

3. 自然语言处理

知识图谱可以帮助自然语言处理系统更好地理解和处理人类语言。例如，当用户说"我要买一件婚礼礼服"时，自然语言处理系统可以通过知识图谱中的实体"婚礼"和"礼服"之间的关系，提供相关的商品信息和购买链接。

4. 数据分析

知识图谱可以帮助数据分析人员更好地理解和分析数据，发现数据之间的关系和模式。例如，当分析人员需要对产品销售情况进行分析时，知识图谱可以帮助他们更好地理解产品之间的关系和影响因素，从而提供更准确的分析结果。

知识图谱是人工智能技术中的重要组成部分，它可以帮助计算机更好地理解和处理人类语言，从而实现更智能化的应用。随着人工智能技术的不断发展，知识图谱的应用范围也将越来越广泛。

2.5 自然语言处理

自然语言处理（Natural Language Processing，NLP）是计算机科学领域与人工智能领域中的一个重要方向。它研究的是计算机与人类语言之间的交互，主要是如何让计算机理解、解释和生成人类自然语言的技术和方法。

自然语言处理的目标是让计算机像人类一样处理和理解自然语言，从而进行各种与语言相关的任务，如人机交互、文本摘要、文本翻译、文本生成等。

在弱人工智能向强人工智能的发展过程中，能够和人类进行自然沟通和交流是人工智能的一个重要能力，沟通过程中存在的语气、情感等问题，都是自然语言处理所要研究的。

自然语言处理的技术主要包括以下几个方面。

（1）词法分析。词法分析是自然语言处理流程中一个基础且关键的步骤。它主要涉及将输入的自然语言文本转换成有意义的词法单元序列，并对这些词法单元进行归类和注解。这些词法单元通常是构成语言的最小单元，如单词、标点符号、数字等。词法分析不仅涉及分词，还包括词性标注、词性还原和命名实体识别等任务。

词法分析是构建语法树和进行语义分析的前提，为后续的自然语言处理任务提供了基础。通过词法分析，计算机能够更好地理解和处理自然语言文本，从而与人类进行更有效的交互。

（2）句法分析。句法分析通过对句子中的词语进行句法功能分析，如识别主语、谓语和宾语等，帮助理解句子的结构。这种分析为后续的高级任务如语义分析和机器翻译提供基础。

（3）语义分析。语义分析是让计算机理解人类语言含义和意义，涉及文本的意义和含义的理解，包括词汇、句法结构、语义结构等多个层面的分析。

（4）文本分类。文本分类指将文本自动分配到预定义的类别中。文本分类包括简单的二分类（如垃圾邮件识别）和多分类（如新闻分类），还包括更复杂的场景，如情感分析（判断文本的情感倾向）和意图识别（理解用户的意图和需求）。这种分类过程依赖于对文本内容的深入理解和分析。

（5）信息抽取。信息抽取指的是从自然语言文本中抽取指定类型的实体、关系、事件等事实信息，并形成结构化数据输出的文本处理技术。信息抽取可以从海量信息中提取有用的知识和信息。

（6）机器翻译。机器翻译的目标是实现计算机自动将一种语言翻译成另一种语言，而不需要人类的参与。近年来，随着深度学习技术的发展，机器翻译的准确率越来越高，越来越接近于人类翻译的水平。

（7）问答系统。问答系统是信息检索系统的一种高级形式，主要指各种可以和用户交互的聊天机器人，它能用准确、简洁的自然语言回答用户用自然语言提出的问题。其研究兴起的主要原因是人们对快速、准确地获取信息的需求。

最近几年，问答系统发展迅猛，出现了像 ChatGPT、文心一言这样的高级智能问答系统。

（8）文本生成。文本生成指的是由计算机程序或算法自动产生连贯、有意义且符合语言规范的文本内容。这个过程通常基于给定的输入（如关键词、句子、段落、文档或特定的上下文信息），并可能依赖于复杂的语言模型、统计方法或深度学习技术。

比如在文心一言中给出一个输入提问"写一首关于吊兰的五言绝句"。它生成的文本如下：

吊兰秀

绿叶悬清影，
吊兰展翠姿。
风来轻曼舞，
幽雅自相知。

随着深度学习技术的发展，特别是预训练模型［如双向变换器（Bidirectional Encoder Representations from Transformers，BERT）、GPT 等］的兴起，自然语言处理取得了显著的进展，许多任务的性能都得到了大幅提升。这些模型通过在大规模语料库上进行训练，学会了丰富的语言知识和上下文理解能力，为自然语言处理领域的研究和应用提供了强大的工具。

2.6　机器视觉

2.6.1　什么是机器视觉

机器视觉主要研究如何对物体进行识别。因为人工智能机器需要具备视觉场景理解能力，不仅要能够准确地识别物体，还要能够结合人类知识分析具体场景。

机器视觉通过光学设备和非接触式传感器自动接收并处理真实物体的图像，以获得所需信息或控制机器运动。它利用图像处理技术、模式识别技术、人工智能技术等，模拟人类的视觉功能，实现对目标物体的识别、定位、测量、检测等功能。

比如在生产线上，不需要检测工人睁大双眼检测瑕疵，取而代之的是一台台装备了高精度摄像头的智能机器。它们能够迅速而准确地识别出每一个细微的缺陷，从微小的划痕到颜色的微小偏差都能被识别出来。

在无人驾驶汽车上，机器视觉技术通过计算机对图像或视频的处理和分析，模拟人眼对图像的感知与理解能力，为无人驾驶车辆提供了感知、决策和控制等关键能力。

2.6.2　机器视觉系统的构成

一个典型的机器视觉系统通常包括以下几个部分。

（1）图像摄取装置。图像摄取装置，如 CMOS 和 CCD 相机，用于捕获目标物体的图像，将目标物体转换为图像信号，然后传递给专用的图像处理系统。

（2）光源系统。光源系统主要负责提供稳定、均匀的光照条件，以确保图像质量。

（3）图像数字化模块。图像数字化模块将捕获的图像信号转换成数字化信号，便于计算机处理。

（4）数字图像处理模块。数字图像处理模块负责对数字化图像进行各种运算和分析，提取目标的特征。

（5）智能判断决策模块。智能判断决策模块根据图像处理的结果，做出智能判断和决策。

（6）机械控制执行模块。机械控制执行模块根据智能判断决策模块的输出结果，控制现场的设备动作。

2.6.3　机器视觉的应用

机器视觉技术已经广泛应用于交通、工业、农业、医药、军事、航天等多个领域。

在交通领域，机器视觉系统通过交通摄像头获取道路上的图像或视频数据，实时分析交通状况，如交通拥堵、事故等，并及时报警或调度交通资源，提高交通效率。通过机器视觉进行车牌的检测和识别，实现自动化的车牌识别系统，因此该技术被广泛应用于停车场管理、电子收费等场景，提高了识别准确率和处理效率。

在工业领域，机器视觉系统能够高速、高精度地检测制造过程中的产品缺陷，如裂纹、变形、颜色问题等。通过光学成像和图像采集装置获得产品的数字化图像，利用视觉算法处理软件和图像分析，获取相关的检测信息，从而判断产品是否存在瑕疵或其他异常。这一技术被广泛应用于电子、汽车制造、医药、食品等多个行业，提高了产品质量和生产线自动化程度。

在农业领域，机器视觉系统可以通过对农作物图像的处理和分析，实时监测农作物的生长状态，如叶片颜色、生长速度、植株密度等。这有助于农民及时了解农作物的生长情况，从而采取相应的管理措施。机器视觉可以应用于智能农机装备中，如自动驾驶拖拉机、智能收割机、植保无人机等。这些装备通过集成机器视觉系统，可以实现自主导航、精准作业、避障等功能，提高了农业生产效率和安全性。

在医药领域，机器视觉系统能够检测药品包装中的药粒、药片或胶囊是否存在缺失，确保每个包装单元都完整无缺。这对于泡罩包装、瓶装药品等尤为重要，可以及时发现并剔除不合格产品。在医药制造过程中，机器视觉系统常常与机器人协作实现自动化生产。例如，在药品的装箱、搬运和码垛等环节中，机器视觉系统可以引导机器人进行精准定位和操作，提高生产效率和准确性。同时，还可以实现生产线的智能化调度和管理，进一步提升生产线的整体效能。

机器视觉是一种重要的自动化和智能化技术，它通过模拟人类的视觉功能，实现对目标物体的测量、判断和控制，具有广泛的应用前景和发展空间。

我国在机器视觉领域的技术应用发展迅猛，人脸识别技术、图像识别技术在很多行业、很多场合都得到了广泛应用。

2.7　语音识别

语音识别

2.7.1　什么是语音识别

语音识别技术，也被称为自动语音识别（Automatic Speech Recognition，ASR），是以语音为研究对象，通过语音信号处理和模式识别让机器理解人类语言，并将其转换为计算机可输入的数字信号的一门技术，是人工智能应用最成熟的技术之一。

语音识别技术开始于 20 世纪 50 年代，一开始只能识别十个数字的英文发音，渐渐发展到可以识别特定人的语音，但能够识别的词汇量还比较少，识别率不高。

进入 21 世纪以后，由于新技术的应用，语音识别的准确率有了很大提高，而且能够识别的词汇量很大、对发音的标准性没有非常严格的要求，普通人就可以使用语音识别技术实现语音 / 文本转换，可以实现快速的文本输入。

语音识别技术实现了快速的文本输入，这让打字员这个职业的需求量逐年减少，因为很多人不再使用传统的输入法，可以直接使用语音输入。

2.7.2　语音识别的过程

1. 语音特征提取

当语音输入后，语音识别系统会对输入的语音信号进行预处理，提取出能够代表语音特征的参数，如音高、音色、语速等。

2. 模式识别

语音特征提取完成后，还需要利用机器学习算法对提取的语音特征进行模式识别，将输入的语音信号与预先训练好的模型进行匹配，找出最符合当前语音信号的模式。

3. 文本生成

模式识别完成后，需要根据匹配结果生成相应的文本或执行相应的命令。

现在的智能手机大都有语音识别系统，用户可以通过语音输入，方便快捷。很多 App 也都支持语音识别，比如导航系统、购物网站、搜索引擎等。

目前，我国的语音识别技术已经和国际先进技术水平实力相当。

2.8　机器人技术

机器人技术

2.8.1　什么是机器人技术

模仿人类，不但要"看得见""听得懂""会说"，还需要一个人形的容器，能够像人一样动作，这就是机器人学研究的内容。机器人学是与机器人设计、制造和应用相关的科学，又称为机器人技术或机器人工程学，主要研究机器人的控制与被处理物体之间的相互关系。

机器人是一个综合性的课题，除了机械手和步行机构，还要研究机器视觉、触觉、听觉等信息传感技术，以及机器人语言和智能控制软件等，是一个涉及精密机械、信息传感技术、人工智能方法、智能控制及生物工程等学科的综合技术。这一领域的研究有利于促进各学科的相互结合，并大大推动人工智能技术的发展。

2.8.2　机器人的工作原理

机器人技术的工作原理可以概括为"感知—决策—执行"的循环过程。

（1）感知。机器人通过传感系统感知周围环境和自身状态，获取各种信息。

（2）决策。控制系统对感知到的信息进行处理和分析，根据预设的算法和规则进行决策，确定机器人的下一步行动。

（3）执行。执行器根据控制系统的指令进行运动，实现机器人的各种动作和功能。

比如一个机器人在路上行走，感知系统（摄像头）感知到前方有障碍物，决策系统根据预设的算法指挥机器人向左拐，执行系统开始动作，实现了向左拐这个动作。

2.8.3　机器人的应用领域

机器人技术已经广泛应用于各个领域，包括但不限于以下几个方面。

（1）制造业。工业机器人已经成为制造业的重要组成部分，并被用于自动化生产线上的装配、焊接、喷涂等任务，提高生产效率和产品质量。

（2）医疗领域。医疗机器人如外科手术机器人、康复机器人等，能够辅助医生进行手术操作、康复治疗等任务，提高医疗水平和患者生活质量。

（3）服务领域。服务机器人如扫地机器人、智能音箱等，能够为用户提供便捷的生活服务，提高生活品质。

（4）农业领域。农业机器人能够进行播种、施肥、除草、收割等作业，提高农业生产效率和产量。

（5）军事领域。军事机器人如无人机、无人战车等，能够执行侦察、攻击、运输等任务，提高军事作战能力和安全性。

机器人的外形多种多样，主要根据应用的领域和实际用途进行外观设计，比如扫地机器人大都是圆盘形状；智能音箱（也是一种机器人）可以设计成圆柱形，或者其他可爱的形状；工业机器人大都只是一个机械臂；物流机器人一般包含一个容器，因为需要盛放东西……

人类通常更喜欢人形机器人，这也是未来机器人的一个重要发展方向。但人类的身体形状和结构其实有很多局限性，比如人类的身体笨重，无法像鸟一样飞，头不能转180°，所以看不见身体背后，不能钻到低矮的角落打扫卫生……

因此，机器人的设计应更多地考虑实际用途，用来弥补人类某些方面的不足，作为人类的助手去完成很多任务。

思考与探索

一、选择题

1.（　　）不属于大数据预处理技术。

　A．数据可视化　　　　　　　　　B．数据抽取

　C．数据清洗　　　　　　　　　　D．数据集成

2．在物联网的体系框架中，（　　）主要用于获取外部数据信息。

　A．感知层　　　　　　　　　　　B．网络层

　C．传输层　　　　　　　　　　　D．应用层

3．（　　）的主要原理为神经网络及神经网络间的连接机制与学习算法。

　A．符号主义　　　　　　　　　　B．行为主义

　C．连接主义　　　　　　　　　　D．进化主义

4．（　　）属于自然语言处理技术的应用领域。

　A．自动驾驶　　　　　　　　　　B．交通调度

　C．同声传译　　　　　　　　　　D．人脸识别

5．区块链是指通过（　　）的方式集体维护一个可靠数据库的技术方案。

　A．中心化和信任　　　　　　　　B．去中心化和信任

　C．中心化和去信任　　　　　　　D．去中心化和去信任

6．网络安全首先需要技术的保障，其次需要（　　）的支持，最终需要伦理的关怀。

　A．人民　　　　B．经济　　　　C．物质　　　　D．法律

7．（　　）不符合大数据的特征。

　A．数据体量巨大　　　　　　　　B．数据类型多样

　C．数据产生速度快　　　　　　　D．数据价值密度高而应用价值低

8．下列应用中，可以体现人工智能技术的有（　　）。

　①某软件识别分析照片中的物体

　②机器人 AlphaGo 与人类围棋世界冠军对弈

　③某软件将语音信息转换为文本

　A．①②　　　　B．②③　　　　C．①③　　　　D．①②③

二、简答题

1．现在有一种新职业叫"人工智能训练师"，这个工作的工作内容是什么？

2．有一种新职业叫"数据标注员"，这个工作的工作内容是什么？

3．未来机器人的发展方向是什么？

第 3 章　人工智能 +

最近十几年，人们已经越来越感觉到人工智能在逐渐改变生活的方方面面。未来，人工智能必将和各行各业紧密结合，给各个行业带来巨大变化。人工智能技术的广泛应用已经引起了第四次工业革命，即智能革命。我国政府之所以高度重视人工智能技术的发展，就是希望能够抓住智能革命的机遇，实现经济的转型和腾飞，实现国家富强的发展目标。

人工智能会在未来改变很多产业（行业）格局，一些新的产业（行业）会出现，但更多的改变是对现有产业（行业）的改造。"人工智能 + 现有产业（行业）"是很多行业的发展变迁方向。产业的升级和变迁，会比现在的产业更好地满足人类的个性化需求，带来整个社会的升级和变迁。

3.1　人工智能 + 工业

人工智能 + 工业一家居

3.1.1　工业发展和技术变革

第一次工业革命发起于英国，以蒸汽机作为动力机被广泛使用为标志，开创了机器代替手工劳动的时代，率先完成工业革命的英国确立了当时世界霸主的地位。

第二次工业革命主要发起于美国和德国，以电能的突破、应用以及内燃机的出现为标志，人类从此进入了电气时代。在此期间，德国和美国的工业电气化得到发展，国力得到提升，成为世界强国。

第三次工业革命是涉及信息技术、新能源技术、新材料技术、生物技术、空间技术和海洋技术等诸多领域的一场信息控制技术革命，不仅极大地推动了人类社会经济、政治、文化领域的变革，还影响了人类生活方式和思维方式。美国、日本等资本主义国家在此期间取得了信息技术领域的巨大进步。

随着技术的积累和发展，人类已经进入了智能化时代，以人工智能技术的广泛应用为标志。世界主要国家都在大力推动智能技术发展，以期利用智能革命来发展工业和经济，提升国力。

2011 年德国提出工业 4.0 的概念。德国学术界和产业界认为，工业 4.0 是以智能制造为主导的第四次工业革命，即通过数字化和智能化来提升制造业的水平，其目的是提高德国工业的竞争力，提高德国制造业的智能化水平。

工业 4.0 的核心是智能制造，精髓是智能工厂。精益生产是智能制造的基石，工业机器人是时代所趋，工业标准化是必要条件，工业大数据是未来黄金。

工业 4.0 的技术支柱包括以下几项。

（1）工业物联网。工业物联网代表全球工业系统与智能传感技术、高级计算、大数据分析及互联网技术的连接和融合，其核心要素包括智能设备、先进的数据分析工具、人与设备交互接口。工业物联网是智能制造体系和智能服务体系的深度融合。

（2）云计算。云计算是互联网虚拟大脑的中枢神经系统，负责将互联网的核心硬件层、核心软件层和互联网信息层统一起来，为互联网各虚拟神经系统提供支持和服务。

（3）工业大数据。工业大数据是掌控未来工业的关键。可以通过工业传感器、无线射频识别、条形码、工业自动控制系统、企业资源计划、计算机辅助设计等技术来扩充工业数据量。

（4）工业机器人。工业机器人是工业 4.0 的最佳助手，是面向工业领域的多关节机械手或多自由度的机器装置。它能自动执行工作，是靠自身动力和控制能力来实现各种功能的一种机器。

（5）3D 打印。3D 打印通过数字化增加材料的方式进行制造。

（6）知识工作自动化。知识工作自动化主要包括智能控制、人工智能、机器学习、人机接口、基于大数据的管理等。

（7）工业网络安全。产业互联网的安全风险和安全压力远远大于消费互联网，因为它涉及行业机密甚至国家机密。

（8）虚拟现实。虚拟现实技术是一种可以创建和体验虚拟世界的计算机仿真系统。它利用计算机生成一种模拟环境，通过多源信息融合的交互式三维动态视景和实体行为的系统仿真，使用户沉浸到该环境中。

（9）人工智能。人工智能技术是工业 4.0 技术的核心和关键，是一切技术的基础，几乎所有技术中都涉及人工智能技术。

随着人工智能技术的发展，工业已经进入了 4.0 时代，即智能制造时代。

3.1.2 《中国制造 2025》

《中国制造 2025》是国务院于 2015 年 5 月印发的部署全面推进实施制造强国的战略文件，其核心是通过智能机器、大数据分析来实现制造业的全面智能化，是中国实施制造强国战略第一个十年的行动纲领，为中国制造业未来十年设计了顶层规划和路线图，通过努力实现中国制造向中国创造、中国速度向中国质量、中国产品向中国品牌的三大转变，推动我国实现工业智能化，迈入制造强国行列。

《中国制造 2025》提出："加快推动新一代信息技术与制造技术融合发展，把智能制造作为两化深度融合的主攻方向；着力发展智能装备和智能产品，推进生产过程智能化，培育新型生产方式，全面提升企业研发、生产、管理和服务的智能化水平。"由此可见，人工智能、智能化、智能制造是中国制造业的重要发展方向。智能制造的内容包括生产方式智能化、产品智能化、装备智能化、管理智能化、服务智能化。

近年来，我国加快推进人工智能与制造业深度融合，推动建成一批数字化车间和智能工厂，"灯塔工厂"、无人化工厂和智能工厂在中国大量涌现。数据显示，截至 2023 年底，我国已培育了 421 家国家级示范工厂以及 1 万多家省级数字化车间和智能工厂。

3.1.3 智能工厂

智能工厂是现代工厂信息化发展的新阶段，是在数字化工厂的基础上，利用物联网技术和设备监控技术加强信息管理和服务，清楚掌握产销流程，提高生产过程的可控性，减少生产线上人工的干预，及时正确地采集生产线数据，以及合理进行生产计划编排与生产进度控制，使用人工智能等新兴技术，构建的一个高效节能、绿色环保、环境舒适的人性化工厂。

智能工厂内部的设备、产品、操作者等通过企业内部的通信机制实现沟通，包括生产数据的采集与分析、生产决策的确定等。众多智能工厂通过物联网交互形成庞大且完整的智能制造网络。

一般来说，智能工厂有以下衡量标准。

（1）是否实现车间物联网。在智能工厂中，人、设备、系统三者之间应构建起完整的车间物联网，实现智能化的交互式通信。建立起车间物联网后，车间内的所有人与物都可通过物联网连接，方便管理。

（2）是否利用大数据分析。随着工业的信息化程度加快，工厂生产所拥有的数据日益增多。由于生产设备产生、采集和处理的数据量与企业内部的数据量相比要大很多，因此，智能工厂要充分利用大数据技术对数据进行分析。大数据技术利用这些数据能够建立起生产过程的数据模型，与人工智能技术结合，不断学习优化生产管理过程。同时，如果在生产过程中发现某处生产偏离了标准，系统就会自动发出警报。

（3）是否实现生产现场无人化。智能工厂的基本标准是自动化生产，不需要人工参与。当生产过程出现问题时，生产设备可自行诊断和排查，一旦问题得到解决，立即恢复自动化生产。目前，很多智能工厂还是需要人工进行监督和检查，还没有实现完全的智能化。

（4）是否实现生产过程透明化。在信息化系统的支撑下，智能工厂的生产过程能够被全程追溯，各种生产数据也是真实、透明的，通过人工智能系统可以轻松实现查询与监管。

（5）是否实现生产文档无纸化。无纸化可以减少纸张浪费，避免纸质文档查找的麻烦，提高文档检索的效率。

3.1.4　工业机器人

工业机器人是面向工业领域的多关节机械手或多自由度的机器装置，能自动执行工作，是靠自身动力和控制能力来实现各种功能的一种机器。

现代的工业机器人是集机械、电子、控制、计算机、传感器、人工智能等多学科先进技术于一体的现代制造业重要的自动化装备。它可以接受人类指挥，也可以按照预先编排的程序运行。

机器人技术及其产品发展很快，已成为柔性制造系统、自动化工厂、计算机集成制造系统的自动化工具。

广泛采用工业机器人，不仅可以提高产品的质量与产量，而且对保障人身安全、改善劳动环境、减轻劳动强度、提高劳动生产率、节约原材料及降低生产成本有着十分重要的意义。工业机器人的广泛应用正在日益改变着人类的生产方式。

机器人取代人类从事制造业的一个优点是，产品很容易按照个性化定制。传统方式制造出来的产品是复制式生产，成本很低。如果顾客想要根据自己的需求订购一款特定的产品就需要很高的成本。在用机器人实现智能化生产的时代，只要通过设定产品参数，机器人就可以根据用户需求制造出个性化的产品，从而降低了成本。

工业机器人最早应用于汽车制造工业行业，常用于焊接、喷漆、上下料和搬运。随着工业机器人技术应用范围的延伸和扩大，现在它已可代替人类从事危险、有害、有毒、低温和高热等恶劣环境中的工作及繁重、单调的重复劳动，并可提高劳动生产率，保证产品质量。工业机器人与数控加工中心、自动搬运小车及自动检测系统可组成柔性制造系统和计算机集成制造系统，实现生产自动化。

工业机器人产业发展趋势包括以下几个方面。

（1）人形机器人快速发展。人形机器人一直是很多人心中理想的机器人模样，很多公司也一直致力于发展人形机器人。美国佛罗里达人机交互研究所设计的一款阿特拉斯类人机器人，拥有高度的机动能力，在设计上能够应对复杂地形，可以靠两足行走，上肢可以举起和搬运重物。在遇到较为复杂的地形时，该款机器人还可以手脚并用，应对挑战。更有趣的是，谷歌还研发了一个系统，允许机器人从网上下载新性格。

（2）机器人概念从传统的机械臂扩展到更广泛的范围。传统概念中的机器人指的是人形机器人，或是广泛应用于工厂中的机械臂。但实际上，机器人不仅仅指人形机器人和机械臂，还包括具有人工智能特点的软件。设计者可以根据工作场合的需要，将机器人设计成各种各样的形状。随着中央处理器、传感器的微型化和产品的智能化、联网化，多台机器人之间能实现数据共享和协作，汽车、家电、手机、住宅、无人机等产品也具备了机器人的特征。

（3）机器人和人的关系越来越密切。传统的工业机器人往往被铁栅栏隔离，以防止其伤及工人，新一代机器人可以与人在同一个空间内密切接触、密切配合，人类可以安全地与机器人并肩工作。例如库卡轻型智能工业助手机器人在接触到人体时，受力传感器会及时限制机器人的运行力量，自动与人保持安全距离。

（4）机器人成本持续下降。随着机器人数字化零部件的增加以及技术和工艺日益成熟，机器人成本比雇佣工人低的拐点正在到来。所以，未来机器人将会越来越普及，家用机器人将会走进千家万户。

（5）灵活性继续提高，性能更加完善。现有的工业机器人需要进一步扩展功能、提高性能，使其变成一个智能设备。例如工业机械手、机械臂所做的工作是要求具有速度、精度、重载能力，但是目前的机器人灵活性不够，还需要进一步完善。在新型机器人研发上，要研发灵巧的机器人，包括双臂机器人、柔性机器人、智能传感机器人等。

（6）机器人由机器向人进化。现在的机器人只是一个传统的特殊设备，应用在一些关键性的环节上，与人之间是互补的关系，但可以满足市场对质量和效率的要求。新一代机器人可以实现与人的替代关系，可以满足市场对新制造模式的需求，减人力、降成本、提高产品竞争力。

除此之外，还需要考虑机器人的应用场景。例如卫浴五金的打磨抛光工作看似简单，但如果要让机器人完成，需要其有一些对于力的感知。这样的要求甚至要比工人在汽车生产线上的要求还要高。这个行业对价格也非常敏感，如何做低成本的系统，是机器人设计和制造行业要考虑的重点问题之一。

工业智能化的趋势及《中国制造2025》的推动增加了工业机器人在工业制造领域的应用程度。中国工业的机器人化进程正在快速推进。从2011年到2020年，我国工业机器人的交付量平均每年增长 27%，远高于全球（12%）和日本（6%）的增长速度。根据国际机器人联合会的数据，2022 年，我国安装的工业机器人超过 29 万台，是日本的 6 倍、美国的 7 倍、德国的 12 倍、法国的 40 倍。2023 年，仅我国安装的新型工业机器人就占全球一半以上。目前，我国工厂有 150 多万台机器人在运行，是欧洲的两倍。

3.2　人工智能＋家居

3.2.1　智能家居

人工智能和家居的结合产生了智能家居这个新的产业方向。十几年来，智能家居产品不知不觉走进了普通人的家庭，改变了普通人的家居生活方式。

智能家居是利用先进的计算机技术、人工智能技术、网络通信技术、综合布线技术、医疗电子技术，依照人体工程学原理，融合个性需求，将与家居生活有关的各个子系统（如家电产品）有机地结合在一起，通过网络化实现综合智能控制和管理，实现"以人为本"的全新家居生活模式。

智能家居最基本的目标是为人们提供一个舒适、安全、方便和高效的生活环境；技术核心是让家居产品能感知环境变化和用户需求，自动进行控制，以提高人们的生活品质。

智能家居的发展历史经历了以下几个阶段。

（1）第一阶段：家居自动化。家居自动化就是利用微电子技术和内嵌程序来控制家里的电器产品或系统，例如自动电饭煲、自动控制空调，使电器或系统带有预约功能、定时功能，方便用户使用。

虽然现在看来，这些功能还很简单，很容易实现，称不上智能，但在当时也是一个很重要的技术进步，为智能家居的发展奠定了基础，是智能家居发展的第一步。

（2）第二阶段：智能单品阶段。这一阶段是智能家居的萌芽阶段，智能家居单品开始出现，例如智能开关、智能插座、智能门锁、智能摄像机、智能灯泡、智能音箱、智能电视、扫地机器人等，都具有一定的智能属性。例如智能门锁可以实现人脸或指纹识别，智能音箱可以实现语音识别。这一阶段最明显的特点是，市场上出现了不少智能家居产品，但这些产品都是单品，并且它们之间彼此独立存在，不能互相连接、互相通信。

（3）第三阶段：网络互联。随着物联网的迅速发展，物物相连成为一个必然趋势，而家庭中的电器产品就是万物互联中的重要连接对象。将家居设备连入网络，让家居设备互相连接，通过手机 App 实现远程控制，智能家居进入了网络互联阶段。

网络互联的技术核心就是将 Wi-Fi 模块植入家电中，使其能够上网，能被网络中的其他设备控制。

（4）第四阶段：智能化。这一阶段是将智能家居与人工智能技术深度结合，主要是对家居"智能"方面进行深度挖掘，大数据和云计算能力会得到充分发挥，深度学习、计算机视觉等技术也将得以运用，最终实现智能家居产品对人的思维、意识进行学习和模拟，使产品具有一定的记忆能力和学习能力，能够主动满足用户的需求，能够根据用户的实际家居环境、生活习惯、兴趣爱好、身体状况等来为用户服务，能够与用户互动并提供反馈。这个阶段的核心技术是神经网络技术、大数据技术、云计算技术等。通过大量数据的采集、分析和计算，智能家居系统能够自动判断用户的喜好、行为习惯，能够自动执行命令。当然，用户也可以对家居系统进行调整和设置。

（5）第五阶段：智能生活管家。在这个阶段，智能家居不但能满足人们很多需求，还能根据用户的特点提供更加科学的建议，相当于一个智能生活管家。例如对"三高"患者提出合理的饮食建议和运动建议，根据用户的工作内容进行更合理的时间规划和安排，根据天气情况给用户提供穿衣建议……这一阶段的智能家居设备具有感知能力、学习能力、探测能力、分析能力、判断能力、反馈能力，家居设备之间能够互联、互通、互控，能够根据用户的年龄、兴趣爱好、生活习惯、职业特点等基本信息，精准呈现有针对性的内容。

目前的智能家居处在第三阶段和第四阶段之间。

3.2.2　智能家居系统

一个完整、成熟的智能家居系统一般包括网络布线系统、智能照明系统、安防监控系统、电器控制系统、环境控制系统等子系统。

（1）网络布线系统是通过弱电布线，把所有系统集结在一个主机上来发射信号，再由一个控制器（如手机或平板电脑）来控制。

（2）智能照明系统是将数字智能网关、智能开关、智能插座、智能家居遥控器、智能灯光遥控器结合起来对灯光照明进行控制的系统。该系统采用无线的方式控制灯光的开和关，调节灯光的亮度，实现各种灯光情景的变换。

（3）安防监控系统是利用网络技术将安装在家里的视频、音频、报警等监控系统连接起来，通过中控电脑的处理将有用信息保存起来并发送到其他数据终端，如手机、110报警中心等。

智能家居中的电器控制系统是对电器进行智能控制与管理的系统。

智能家居环境控制系统可以自动检测室内的环境，包括温度、湿度等指标，能够自动启动空气净化器、新风系统等设备，让环境更舒适健康。

智能家居系统一般通过以下几种方式进行控制。

（1）遥控器控制。通过遥控器来控制家中的电器、灯光、电动窗帘等设备。

（2）语音控制。通过语音直接向智能家居系统中的控制对象发出指令，例如对空调发出指令"制冷，26摄氏度"，对智能音箱发出指令"播放×××歌，音量50"。

（3）定时控制。根据家中成员的作息习惯设定家用电器的自动开启和关闭时间，例如设定电饭煲凌晨5点开始煮粥，空调夜里12点自动关闭等。

（4）智能终端控制。将智能家居系统的所有控制功能集中在智能终端设备上，例如手机可以对家居系统中的所有设备进行近距离或远距离控制。

（5）监控控制。利用视频监控功能，可以在任何时间、任何地点通过网络使用浏览器进行影像监控和语音通话。

（6）自动控制。系统可以进行自动控制，例如自动将房间的温度和湿度调到最适合人体的程度，甚至能记住用户的兴趣爱好、健康状况、年龄特点，并自动进行设置。当出现危险的时候能够自动报警，例如检测到房间的烟雾浓度超标能自动启动灭火器，或是家中有外人闯入，能够自动拨打相应的电话报警。

在智能家居系统中，一般绝大部分操作都是可以通过手机一键控制或者语音控制的，降低了用户的门槛。

我国在智能家居领域发展很快，市场上出现了很多国产智能家居产品，如小米 AI 音箱、扫地机器人、智能门锁、美的智能家居系统、海尔智能家居系统。

智能家居技术是人工智能技术和家居技术结合的产物，近年来，国内智能家居市场规模增长迅速，市场总规模巨大，很多国内互联网公司和家电企业涌现出了一批优秀的智能家居产品，像前文提到的华为、小米、科沃斯、百度、海尔等都是知名的民族品牌，在智能家居领域进行新尝试，取得了优异的成果。

3.2.3　智能居家养老系统

随着国家科技和经济的发展，人民生活条件和医疗保健水平的提高，我国的人均寿命越来越高，目前已接近 80 岁。据最新统计，我国 65 岁以上老龄人口已经接近 2 亿，而且这部分人口中的绝大部分都只有一个子女，养老问题成为我国面临的一个重大问题。

随着物联网技术和人工智能技术的不断发展，智能居家养老系统成了未来的养老趋势。智能居家养老系统以"物联网 + 人工智能 + 养老服务"为依据，利用移动 App、智能可穿戴设备、智能跌倒报警器等各种智能产品，建立智能化、信息化的居家养老网络系统，提供助餐、助洁、助急、助医、护理等多样化的居家养老服务，减少老人在家出现意外的情况。

智能居家养老系统主要由技术、终端产品和服务构成。

（1）技术。智能居家养老系统的核心技术是物联网技术、大数据技术、云计算技术、人工智能技术，通过智能感知和识别技术最大限度地实现各类传感器和计算机网络的连接，让老人的日常生活（特别是健康状况和出行安全）能被子女远程查看，让老人的日常数据能够被采集和分析，并对其健康状态进行实时监测。

（2）终端产品。智能居家养老系统采用电脑技术、无线传输技术等手段，在居家养老设备中植入电子芯片装置，使老年人的日常生活随时处于可监控的状态。终端产品一般为感应器设备，如心电检测器、血压检测仪、智能手表等智能可穿戴设备，能够随时检查老人的血压、体重、心率等身体情况。终端产品也可能是摄像头、智能家电等家居产品，能够随时远程监控老人的生活状态。

（3）服务。智能居家养老系统的服务包括设备支持服务、医疗支持服务、生活支持服务。设备支持指终端产品的维护、维修服务，以及信息服务平台的技术支持服务；医疗支持服务指由养老机构或社区、医院提供的医疗救助、医疗跟踪服务；生活支持服务指养老机构或社区为老人的生活提供的便利。

智能居家养老系统的特点如下。

（1）大数据平台实现精准服务。智能居家养老系统依托社区居家养老服务站、日间照料中心等设施，对接智能终端等设备，采集并持续更新老人数据和健康档案，实现老人信息动态实时管理与分析。在此基础上，平台形成紧急救援、健康管理、GPS 管理等功能，为居家养老对象的衣食住行、就医、康复、社交、购物等提供全方位的现代化、数字化、管家式电子服务。

（2）智能硬件延伸居家养老。智能居家养老系统为居家老人配备智能家电，而且可以支持语音控制，也可以让子女远程控制启动或关闭；配备智能血压仪、智能床垫等健康设备，将老人的健康数据实时上传到养老服务信息化平台；通过数据分析，形成健康档案，平台可根据健康档案为老人提供健康评估、健康建议，及时对疾病进行早期干预、早期治疗；还可进行健康预警，并通过智能腕表等设备，为居家老人提供定位跟踪、紧急呼叫、日常生活照料等服务。

（3）App 连接家庭维度。智能居家养老系统还为老人、亲属、医生、护工等人员配备手机 App。对于不能在父母身边的子女，或因工作忙无暇照顾父母的子女，手机 App 为其提供了随时随地为父母尽孝的便利，充分满足了子女对老人的呵护需要。

随着我国人工智能技术的飞速发展，必将可以解决老龄化社会的养老问题，未来每个老人都可以配备一个看护机器人。看护机器人懂得营养学知识、医疗知识、心理知识、生活常识，能够做家务、陪聊天，还能够在老人生病的时候提供照顾服务。

3.3　人工智能 + 交通

人工智能 + 交通

3.3.1　人工智能在交通行业的应用

城市交通问题一直是全球城市面临的重要挑战之一。随着人工智能技术的发展，智能交通系统应运而生。

智能交通系统是指将人工智能相关技术应用于交通运输行业从而形成的一种信息化、智能化、社会化的交通运输系统。智能交通系统通过对交通信息的实时采集、传输和处理，借助各种科技手段和设备，对各种交通情况进行协调和处理，建立起一种实时、准确、高效的综合运输管理体系，从而使交通设施得以充分利用，提高交通效率和安全，最终使交通运输服务和管理智能化，实现交通运输的集约式发展。

智能交通作为人工智能在城市管理中的应用之一，为城市交通流动提供了全新的解决方案。通过实时监测、数据分析、自动驾驶等技术手段，智能交通系统有望缓解交通拥堵，提高道路通行效率，为居民提供更为便捷、高效的出行体验。在不久的将来，人们有望看到智能交通为城市交通带来的深刻变革。

（1）人工智能技术可以用于交通监控，通过摄像头、传感器和 GPS 等设备，收集实时交通数据，并通过人工智能技术分析监控交通违规情况，分析人流量、优化交通流量，实现实时路况监控、交通信号优化和路线规划等功能，从而提高交通效率和安全性。

（2）人工智能技术可以用于实现无人驾驶，通过激光雷达、摄像头、传感器等设备感知周围环境，进行判断和决策，提高交通安全性、减少交通拥堵和排放，实现更高效、环保、舒适的出行方式。

（3）人工智能技术可以用于道路导航，结合地理信息系统和人工智能技术，为司机和行人提供智能导航服务，规划最优路径并提供实时导航指引。

（4）人工智能技术可以用于智能停车系统。智能停车系统利用传感器、摄像头等技术，通过人工智能算法帮助驾驶者找到可用的停车位。这不仅提高了停车效率，也减少了在寻找停车位上的时间和燃料浪费。

3.3.2　无人机和无人驾驶

1. 无人机

无人机（Unmanned Aerial Vehicle，UAV）是利用无线电遥控设备和自备的程序控制装置操纵的不载人飞机，或由车载计算机完全或间歇地自主操作。与载人飞机相比，无人机具有体积小、造价低、使用方便的特点。

时至今日，我国已经成为了无人机制造领域的领导者之一。近年来，我国民用无人机产业发展迅猛，在植保、航拍、测绘、巡检等诸多领域发挥了重要作用。

无人机以前多数用于军事领域，现在越来越多地应用在民用领域，如航拍、物流等行业。

2. 无人驾驶

自动驾驶汽车，又称无人驾驶汽车、电脑驾驶汽车或轮式移动机器人，是一种通过电脑系统实现无人驾驶的智能汽车。

随着深度学习和计算机视觉技术的兴起，自动驾驶为提升交通安全与效率提供了新的解决方案。自动驾驶综合了人工智能、通信、半导体、汽车等多项技术，涉及的产业链长、价值创造空间巨大，已经成为各国汽车产业与科技产业跨界、竞合的必争之地。

为抢抓科技创新与经济发展新机遇，我国将自动驾驶列入顶层发展规划。自动驾驶汽车作为跨界融合的重要载体，正推动汽车、交通等产业的深刻变革，同时为汽车带来的环境、能源、交通等社会问题提供新思路、新方案。

3.4　人工智能＋教育

人工智能＋金融—教育

每一次技术革命都会对教育产生深远的影响，首先教育的内容将紧密结合技术核心进行重组，整个知识体系都会进行更新，其次教育教学的方式将发生变化，新技术将改变教学环境、教学手段、教学模式等。

第一次工业革命让人类进入机械时代，基于机械原理的平面印刷术的发明让书籍的数量大大增加，促进了知识的传播，学校大量增加，普通人有了更多接受教育的机会。

第二次工业革命让人类进入电力时代，电报、电话、广播、收音机、电视机等电子产品的发明改变了知识的传播方式和信息的存储方式，人们开始尝试着广播教学、电视教学，知识逐渐开始普及。

第三次工业革命让人类进入信息时代，计算机的发明、网络的发明让信息存储方式、信息表现形式、信息传递方式发生改变，图片、视频、声音等各种媒体的应用让教学形式更加丰富多彩，知识传递更加迅速，出现了微课、慕课等各种各样的在线教学形式。网络的普及也让普通人有机会接触到各种优质教育资源。

第四次工业革命将带领人类进入智能时代，人工智能技术将进一步促进教育的变革。"人工智能＋教育"是未来教育的发展方向，因为人工智能与教育是相辅相成、互为促进的。

自人工智能诞生起，科学家们就开始研究利用人工智能技术来解决教育问题，促进教育的发展。众多的专家、学者从不同的角度对人工智能在教育领域各个层面的应用展开了深入研究，并取得了诸多成果，例如借助人工神经网络、专家系统、自然语言理解等技术，开发了如智能组卷、智能决策支持及智能教学系统，并在机器人教育、网上学习共同体、协作学习系统及人工智能游戏等方面开展了前沿性研究。人工智能技术在教育领域的应用，极大地改变了教育教学的现状，为教育的改革与创新提供了良好的环境和技术支持。

3.4.1　智慧校园

在信息技术飞速发展的时代，利用云计算、大数据、物联网、移动互联网、人工智能等信息技术，不断改善学校信息技术基础设施，营造网络化、数字化、个性化、终身化的智慧教育环境，扩大优质资源覆盖面，推进信息技术与教育教学、管理的深度融合，提高教育教学质量，提升教育治理水平，促进教育公平和优质均衡发展，培养具有较高思维品质和较强实践能力的创新型人才，这就是智慧校园的发展目标。

目前，人工智能在教育领域的应用技术主要包括图像识别技术、语音识别技术、人机交互技术、自然语言处理技术等。例如，通过图像识别技术实现自动阅卷，可以将老师从繁重的作业批改和阅卷工作中解放出来；语音识别和语义分析技术可以辅助老师对学生进行英语口语测评，也可以纠正、改进学生的英语发音；而人机交互技术可以协助老师为学生在线答疑解惑。

除此之外，个性化学习、智能学习反馈、机器人远程支教等人工智能在教育领域的应用也被看好。虽然目前人工智能技术在教育中的应用尚处于起步阶段，但随着人工智能技术的进步，未来其在教育领域的应用程度将加深，应用空间会更大。

人工智能技术在智慧校园中的应用主要有以下几个方面。

（1）人脸识别。人脸识别是机器视觉的一个具体应用。在智慧校园中，校园出入管理、宿舍管理、上课签到、考试签到都可以使用人脸识别系统。

（2）图像识别。校园停车场管理系统是智慧校园的重要组成部分，具备对临时车辆进行管理和对长期用户进行认证管理的功能，由出入口车牌识别一体机、智能道闸、收费显示屏、管理中心、收费中心等组件构成。校园停车管理系统的核心就是能够实现图像识别，对进入校园的车牌进行识别和比对。

（3）语音识别。语音识别就是让机器通过识别和理解，把语音信号转变为相应的文本或命令的人工智能技术。语音测评就是语音识别的一个典型应用。

（4）虚拟智能教学助理。虚拟智能教学助理是基于人工智能技术的辅助教学软件系统，也可称为教学机器人。它可以帮助老师完成一些教学日常事务，可实现智能出题、智能组卷、智能批阅、智能问答、智能统计分数等功能，从而将老师从繁杂的日常事务中解放出来，将精力投入到教学内容的组织和设计、与学生的交流和讨论、对学生更多的关心和爱护等更重要的事情上。

（5）虚拟现实。所谓虚拟现实，就是将虚拟和现实相互结合，利用现实生活中的数据，通过计算机技术产生的电子信号，将其与各种输出设备结合，使其转化为能够让人们感受到的影像，并将现实中的物体或肉眼所看不到的物质通过三维模型表现出来。因为这些现象是通过计算机技术模拟出来的，所以称为虚拟现实。虚拟现实可以用于完成一些虚拟实验或虚拟体验。

（6）智慧教室。智慧教室是借助智能技术、物联网技术、云计算技术等技术手段构建起来的新型教室,包括有形的物理空间教室和无形的数字空间教室。智慧教室可以通过各类智能装备辅助教学,如呈现教学内容、便利的学习资源获取、促进课堂交互开展,从而实现情境感知和环境管理功能。理想的智慧教室能够感知学习情境、提供学习资源、统计与分析学习者的特征、提供便利的互动工具、自动记录学习过程、评测学习成果,从而促进学习者有效学习。

3.4.2　智能教学系统

智能教学系统可以让师生进行有效、多样的教学活动,使教师的教学更为全面生动,使学生的学习更为主动、高效。

（1）智能备课系统。智能备课系统会提供给教师海量的备课模板,教师可以利用这些模板快速备课。同时,智能备课系统与教学资源云平台连接,当教师备课时,能自动在教学资源云平台上搜索并显示相关教学资源,供教师查看和选择,使教师的备课更高效。教师还可以自定义备课模板,根据自己的喜好和教学方法来制作独特的备课模板。所有的备课资料都会自动上传到教学资源云平台上,教师之间可以互相参考备课内容,在交流中共同进步。

（2）数字课堂。教师可以即时组建数字课堂,将教师选择的班级中所有的学生添加到该课堂中,教师和学生可以通过各自的电子书包或笔记本在数字课堂中进行互动。数字课堂是智慧课堂的组成部分与补充,教师可将教师机与学生电子书包在课外组成虚拟课堂,通过语音通话、图文沟通功能,教师和学生之间的交流将更为广泛。无论课内课外,教师都可以根据自己的教学需求,视情况组建数字课堂。

（3）在线作业与考试系统。教师可以通过在线考试系统建立试题库、编辑试卷,其过程与智能备课系统相似,系统包含大量的模板和教学资源供教师使用,以达到快速组卷的目的。同时,教师所出的试题会同步传输到教学资源云平台上。线上考场的建立与数字课堂相似,教师可以把固定的学生拉入网上的群里,让学生答题。学生答题后,答题结果和成绩会自动上传到系统中,教师可以批改、查询、分析和统计。与在线考试相似,学生也可网上在线做作业,教师会给出客观题答案,学生完成后,客观题部分结果由系统自动批改,主观题则由教师在网上批改。

3.4.3　教学资源云平台

教学资源云平台是集教学资源的上传、制作、检索、分类、下载和应用为一体的数字化平台。它将所有教学资源整合,实现资源共享,方便各类学习内容的高效上传、制作、存储和管理,为各种使用者提供方便快捷的上传和下载功能,为教学管理者提供资源访问、效果评价分析的服务,从而提高优质教学资源的利用率和共享率,使优质教学资源更好地为实际教学系统服务。

学校可以选择优秀的教学资源,如教学视频、教案、试卷、图片、动画、备课材料等,将其上传至云平台中心。云平台系统会根据需求将这些教学素材加工成各类的教学资源,使其具有统一标准,成为更易于教师使用的教学资源,以便于优秀教学资源的共享。

教师可以根据权限对教学资源进行查询、修改及上传至教学资源云平台,并且授权指定的学生通过教学资源云平台在线学习、下载学习资料等,实现教学资源数字化,使学生更方便地学习。

教学资源云平台主要由公共资源数据库、个人资源云平台、资源管理系统、资源查询系统、管理员、教师和学生相对应的应用接口等几大部分构成。教学资源云平台具有促进主动式、协作式、研究型、自主型学习的作用，是形成开放、高效的新型教学模式的重要途径，是示范性院校展示和推广本校教学改革成果的重要平台。

教学资源云平台是以资源共建、共享为目的，以创建精品资源和进行网络教学为核心，面向海量资源，集资源分布式存储、资源管理、资源评价、知识管理于一体的资源管理平台。该云平台可以实现资源的快速上传、检索、归档并运用到教学中，实现资源的多级分布式存储、学校加盟共建等，最终形成教学资源大数据管理。

3.5　人工智能 + 金融

人工智能的深度学习算法需要底层大数据作为支撑和训练，而金融行业则正好有着庞大的数据。人工智能最好的应用领域之一是金融领域，因为金融领域是唯一纯数字领域，金融行业的数据积累、流转及储存和更新，都比其他行业更能够满足达到让智能机器人深度学习算法的大数据需求。

人工智能与金融的结合，必将产生强烈的"化学反应"，催生各种新的金融新形态，如人工智能理财、无人银行等。

3.5.1　人工智能理财

人工智能理财基于大数据技术和神经网络技术对理财产品的风险和趋势进行预测，为用户提供最优的方案。

大数据技术可以帮助理财公司和用户进行更好的风险和收益判断。例如判断一个产品的风险，或预估一个基金未来的走向，就需要用到更多、更及时的数据。在用户投资或理财公司进行产品规划时，人工智能软件可以通过大数据技术、神经网络技术给出一个趋势和收益的判断，给理财公司和用户更好的选择。

人工智能理财会让客户更容易决定其资产配置。对于人工神经网络算法而言，数据量越大，训练的次数越多，预测的结果就越准确。

人工智能技术改变了客户和平台的沟通方式。未来的人工智能平台会有更多的人工智能客服机器人，这些机器人的声音会跟人一样，可以跟它聊天，可以问它"市场的状况怎么样？""产品的特色是什么？""万一市场有变化，这个产品可能会有怎样的表现？"等。有了这些人工智能机器人，客户会比较放心地问更多问题，更多地了解产品，做更好的筛选和决策，而且这些机器人可以进行 24 小时服务，这些都会给理财公司带来更多的客户和更高的效益。

人工智能投资顾问是一种基于大数据技术和人工智能技术的机器人软件，从 2016 年开始迅速发展，是人工智能理财的一个典型应用，简称智能投顾，或是智投。

相较于传统的投资顾问服务，运用人工智能技术的智能投顾服务效率更高、门槛更低，能够惠及更多的普通民众。

例如，招商银行的一款智能投顾产品——摩羯智投，可以根据用户的自身情况提供最优的基金投资组合，支持客户多样化的专属理财规划。客户可以根据资金的使用周期设置不同的收益目标和风险要求。

光大集团旗下有一款智能投资产品——光云智投。光云智投有智能的市场分析系统，能够准确追踪市场热点和舆情风险；有更智能的资产管理系统，能够根据用户的动态画像进行风险预警；可以为客户提供分散、优化的资产组合投资。而且它有智能的自我学习系统，在每一次与客户的互动中学习客户的偏好和财务状况。

阿里巴巴蚂蚁金服旗下的蚂蚁小贷、芝麻信用和余额宝都有智能理财的影子；京东金融也推出了智投产品；百度金融则更强调算法，将百度金融定义为"智能金融"。

国内很多金融平台都开始用智能理财机器人与用户进行自然语言交流与开放式对话，并为用户提供包括账户查询、产品咨询、市场分析、投资者教育在内的各种金融服务。

3.5.2　人工智能＋银行

对于银行而言，人工智能技术可以用于智能营销、智能风控、生物识别、智能网点、智能客服、智能预警、智能管理、智能投资等。基于这些人工智能技术的应用，出现了无人银行。

（1）智能营销。传统的银行营销大多采用线下推广、投放广告，或工作人员地推的方式，存在成本较高或关键触达程度较低等问题。智能营销通过大数据和人工智能技术，对传统营销模式重新赋能，通过对客户的多维度属性的标签化，通过用户画像和配套的模型，经计算机输出定制化的营销方案。智能营销不仅能提升客户对营销活动的满意程度，还能提升银行的获客能力和市场竞争力。

（2）智能风控。风控就是风险控制。金融行业的风控指的是金融风险管理者采用各种措施和方法，减少或消灭金融交易过程中各种可能发生风险的事件，或减少风险事件造成的损失。将人工智能技术应用到金融业的风险控制中，就是智能风控。

智能风控系统可以抓取交易时间、交易金额、收款方等多维度数据，通过计算机进行高速运算，实时判断用户的风险等级，采取不同的身份核实手段，及时排查交易过程中的外部欺诈与伪冒交易等风险事件。智能风控系统还可以通过事后回溯，结合基于人工智能的机器学习技术，挖掘欺诈关联账户。风险识别系统可以利用人工智能和大数据技术，通过整合多维外部数据和交易数据，多维度刻画、验证和还原客户真实的资产负债情况，由决策系统判定能否对客户放款。

（3）生物识别。银行对用户的身份鉴别手段一直在变化，传统的身份鉴别手段包括身份证验证、密码验证、笔迹验证，现在采用的是生物识别方式，包括指纹识别、人脸识别等人工智能技术识别手段。生物识别是人工智能的前端触手和感官，是人工智能的入口和起始点，解决了对人准确识别的问题。用户不需要记密码来证明自己的身份,他的生物特征(包括人脸、指纹、掌纹、语音、虹膜）就是身份的证明。当然，单独的生物识别存在安全性较低的问题，可以采用多种身份识别组合应用的方式，如人脸识别、密码验证、笔迹验证的组合，或其他组合，从而提高安全性，降低风险。

（4）无人银行。2018 年 4 月 11 日，中国建设银行宣布国内第一家无人银行在上海正式开业，其实，无人银行就是一个全套人工智能机器系统。无人银行没有保安，取而代之的是用人脸识别的闸门和敏锐的摄像头；无人银行没有大堂经理，取而代之的是可爱的机器人，跟客户问好并指导客户办理业务；无人银行没有银行柜员，取而代之的是柜员机，而且效率更高；ATM 机也有人工智能，办理业务时可以进行人机对话和人脸识别操作。无人银行连接了银行各个服务环节，并通过互联网技术拓宽服务领域，从而实现了整个网点的无人化，办理业务全智能化。

图 3-1 就是一个无人银行的场景。

图 3-1　无人银行

人工智能 + 物流

3.6　人工智能 + 物流

最近二十年，随着电商的迅猛发展，物流行业也随之发展壮大。人工智能技术和物流的结合，产生了智慧物流。

物流的环节包括物体的运输、仓储、包装、搬运装卸、流通加工、配送及相关的物流信息更新等。传统物流有较保守的生产线、较正规的运输线，各个环节都需要有人工值守的仓库，彼此之间相对独立而封闭，耗费了大量不必要的人力、物力、财力、时间，成本巨大、效率低下。

智慧物流是指通过智能硬件、人工智能技术、物联网、大数据等智慧化技术与手段，提高物流系统分析决策和智能执行的能力，提升整个物流系统的智能化、自动化水平。

应用人工智能后，通过图像识别可以对包裹进行分类识别摆放，减少人工操作，采用人机协助模式可大大提升工作效率、节省时间成本。利用人工智能，可以自动识别货品的大小，然后自动包装。运用机器视觉、增强现实（Augmented Reality，AR）、虚拟现实（Virtual Reality，VR）、电子标签、智能拣选等先进技术和设备构建工厂级的物流拣选体系，可以实现对物体的检测和识别，从而实现精密测量、产品或材料缺陷检测、目标捕捉、图像识别、抓取物体等操作，提高作业效率。

未来，无人仓库也将实现，通过数据对物品进行分类定位，用机器人图像识别对物品进行分拣、包装，实现仓库的全智能化。在运输途中，包裹有可能会损坏，通过人工智能对货运载车进行实时跟踪，第一时间对损害的物件采取有效修复及防护措施。

智慧物流中的人工智能应用有以下几种。

（1）仓储机器人。仓储机器人可以实现高效地拣货、搬运等任务，能有效降低仓库工人的工作强度和错单率，同时提高拣货效率，其可替换式的载货托盘适用多种形状的货品，方便工人对其进行部署移动，避免了工人为一个订单满仓库跑的尴尬局面。图 3-2 是一个仓储机器人。

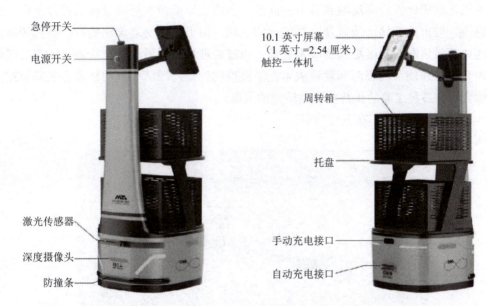

图 3-2　仓储机器人

（2）无人仓。2017 年 10 月，全球首个正式落成并规模化投入使用的全流程无人的物流中心——京东无人仓正式成型。仓房针对从入库到分发的不同步骤，应用了多种不同功能和特性的机器人，其自动化、智能化设备覆盖率达到 100%，大大提高了工作效率。无人仓的使用大大缓解了货物的堆积压力，全面提高了配送满意度。由京东自主研发、自主集合而成的无人仓技术水平已经达到了世界前列，这代表中国智慧物流正引领世界物流的潮流和趋势。

图 3-3 是一个无人仓。

图 3-3　无人仓

（3）无人机。无人机物流是由车载计算机来控制和操作，主要使用无人机的技术方案，为实现实体物品从供应地向接收地流通而进行的规划、实施和控制的过程。通俗地说，就是以无人机为主要的工具开展物流活动，或是物流活动中借助无人机完成关键性的任务。

无人机物流可细分为支线无人机运输、无人机快递（末端配送）、无人机救援（应急物流）、无人机仓储管理（盘点、巡检等）等类别，其中以支线无人机运输和无人机快递为主要形式。

无人机运输相比于地面运输具有方便高效、节约土地资源和基础设施的优点。在一些交通瘫痪路段、城市的拥堵区域以及一些偏远的区域，由于地面交通无法畅行，导致物品或包裹的投递比正常情况下耗时更长或成本更高。通过合理利用闲置的低空资源，能有效减轻地面交通的负担，还能节约资源和建设成本。需要说明的是，经济合理的物流方式需要结合实际情况综合发挥各种工具的优势实现高质量的发展。

图 3-4 是一个无人机正在派送快递。

图 3-4　无人机派送快递

（4）智能物流站。智能物流站基于大数据、云计算、物联网和视觉识别等技术，实现与无人机、无人车和自动提货机的无缝对接。智能物流站作为管理和连接无人机、无人车和自动提货机的手段与桥梁，为社会创造更加智能、更加便捷的物流环境。

3.7　人工智能 + 农业

智慧农业是 AI 技术与农业深度融合的产物，具有强大的数据处理能力和智能分析优势，推动农业向更高效、更绿色、更可持续的方向发展。

人工智能在农业领域的具体应用有以下几种。

1. 智能决策

AI 技术通过分析历史数据和实时监测数据，为农业生产提供精准的决策支持。例如，利用图像识别和深度学习技术，通过对土壤、气候和作物生长数据的分析，AI 可快速识别和定位农作物病虫害，从而为农民提供及时的防治建议。这既能减少农药的过量使用，降低环境污染，还能提高防治效果，保障农作物的健康生长。例如，借助猪脸识别技术，结合声学特征和红外线测温，可以从猪的体温、叫声等特征及时判断其是否患病，从而预警疫情，科学养殖。

2. 智能生产

AI 通过传感器监测温度、湿度、光照等参数，结合天气预报，为农业生产提供智能管理。例如，通过分析历史气象数据、土壤条件和作物生长周期，确定最佳播种时间、肥料用量和灌溉策略，实现精准种植，提高作物产量和品质。在温室环境中，AI 通过传感器监测温度、湿度、光照等参数，并自动调控温室环境，以创造最适宜作物生长的条件，减少能源和水资源的浪费。此外，AI 对话机器人（如百度联合朱有勇院士开发的"农民院士智能体"），能够回答农作物种植管理等实际问题，显著提升农业生产决策的速度和准确性。

3. 智能农机

AI 通过无人驾驶技术、机器视觉和传感器等，实现了农机设备的自动化作业。例如，无人机可以通过高清摄像头拍摄农田图像，利用图像识别技术快速分析作物生长状况和病虫害情况，从而进行航拍监测、植保喷洒和农作物遥感等工作任务；无人驾驶拖拉机、收割机等设备能够自主完成翻耕、播种、收割等任务。智能农机的使用大大提高了农业生产效率，减轻了农民劳动强度。

4. 智能检测

AI 技术能够利用机器视觉和图像识别技术，对农产品外观、颜色、大小等特征进行智能分析，实现快速、准确的质量检测，同时通过区块链技术实现产品追溯，保障食品安全，提升市场竞争力。

除了上述提到的各个行业，未来人工智能肯定将融入其他所有行业，每个行业都将和人工智能技术结合，从而实现行业的转型和升级。

"人工智能＋"时代已经来了，人们已经进入了一个新时代——智能时代。

思考与探索

1. 人工智能技术将推动人类进入快速发展时期，未来的技术更新将更加日新月异。人们需要具备哪些能力来迎接智能时代？

2. 有人说心理咨询行业不会受到人工智能技术的影响，你同意这个观点吗？

3. 和机器人相比，人类有哪些无法替代的优势？

4. 人工智能技术可能会对人类的发展带来哪些负面影响？人们该如何面对？

第4章 生成式人工智能应用

4.1 生成式人工智能

生成式人工智能

4.1.1 什么是生成式人工智能

生成式人工智能（Artificial Intelligence Generated Content，AIGC）是当今人工智能领域中极具创新性和突破性的一个分支，它代表了一种能够主动创造新的内容、数据或信息的智能技术手段。生成式人工智能是指一类基于算法、模型、规则来生成文本、图片、声音、视频、代码等内容的技术。它并不局限于按照既定的规则或模板进行工作，而是能够自主学习并创造出全新的、符合特定风格或特征的内容。其核心定义在于通过对大量现有数据的学习和分析，挖掘其中隐藏的模式、规律和特征，进而凭借所获取的知识和理解，生成全新的、具有独特性和创造性的数据输出。

生成式人工智能并非简单地对已有信息进行重复或重组，而是展现出了真正的创造能力。它能够以一种看似自主的方式生成全新的文本篇章，绘制出富有想象力的图像，创作出动听的音乐旋律，甚至构建出复杂的虚拟场景。这种创造过程并非随机或盲目的，而是基于对数据中所蕴含的语义、结构和风格等多维度信息的深刻理解。

与传统的人工智能方法相比，生成式人工智能在内涵上有着显著的区别。传统人工智能更多地侧重于对给定数据的分类、预测或识别，以解决特定的任务和问题。而生成式人工智能则将焦点放在了创新和创作上，它能够跨越已知的边界，探索未知的可能性，为人们带来全新的视角和体验。

具体而言，生成式人工智能的内涵涵盖了多个重要方面。首先，它体现了对数据的深度挖掘和理解能力。它能通过复杂的算法和模型，从海量的数据中提取有价值的信息，并将其转化为创作的灵感和素材。其次，它具备了灵活的组合和变换能力，能够将所学到的元素以新颖的方式进行组合和变形，从而创造出与众不同的内容。最后，生成式人工智能还包含了对创造性思维的模拟，它试图模仿人类的创造力和想象力，以生成具有创新性和艺术价值的作品。

生成式人工智能的定义和内涵不仅仅局限于技术层面的创新，更在于其为人类社会带来的无限可能性和深刻影响。它正在重塑人们对创作、创新以及智能的理解和认知，为各个领域带来前所未有的变革和发展机遇。

4.1.2 生成式人工智能的发展历程

生成式人工智能的发展历程犹如一幅波澜壮阔的画卷，充满了无数的探索、突破与变革。

这一历程可以追溯到早期的计算机科学和人工智能研究，经历了多个重要的阶段，每一个阶段都为其后续的蓬勃发展奠定了坚实的基础。

1. 早期探索阶段（1950—1990 年）

在早期的探索阶段，科学家们怀揣着对智能创造的憧憬，开始初步涉足生成式模型的研究。然而，由于当时技术条件的限制，包括计算能力的薄弱、数据资源的稀缺以及算法的不成熟，这些早期的尝试往往只能停留在理论层面或取得相对有限的成果。例如，一些简单的基于规则和模板的文本生成系统，虽然能够产生一定的文字输出，但缺乏灵活性和创新性，生成的内容往往较为生硬和模式化。

（1）1957 年，莱杰伦·希勒（Lejaren Hiller）和伦纳德·艾萨克森（Leonard Isaacson）通过将计算机程序中的控制变量转换成音符，创作了历史上第一支由计算机创作的音乐作品《依利亚克组曲》。

（2）1966 年，约瑟夫·魏岑鲍姆（Joseph Weizenbaum）和肯尼斯·科尔比（Kenneth Colby）合作开发了世界上第一款可进行人机对话的机器人"伊莉莎"，它通过关键字扫描和重组完成交互任务。

（3）20 世纪 80 年代中期，IBM 基于隐马尔可夫模型（Hidden Markov Model，HMM）模型创造了语音控制打字机"坦戈拉"，能处理约 20000 个单词。

2. 沉淀积累阶段（1990—2010 年）

随着时间的推移，生成式人工智能进入技术突破阶段，一系列关键技术的出现为生成式人工智能带来了重大的转机。深度学习算法的崛起成为了这一时期的核心驱动力，它为模型提供了更强大的学习能力和表示能力。生成对抗网络的提出无疑是一个里程碑式的事件，它创新性地引入了对抗的思想，让生成器和判别器在相互博弈中不断进化，从而使得生成的图像质量得到了显著提升，从模糊不清、缺乏真实感逐渐变得清晰逼真、细节丰富。此外，变分自编码器等技术的出现也为数据的生成和表示提供了新的思路和方法。

（1）2006 年，深度学习算法取得重大突破，同时 GPU、TPU 等算力设备性能提升，互联网为各类人工智能算法提供了海量训练数据，推动了人工智能的显著进步。

（2）2007 年，纽约大学的罗斯·古德温（Ross Goodwin）装配的人工智能系统创作了世界上第一部完全由人工智能创作的小说 *1 the Road*。

（3）2012 年，微软展示了一个基于深层神经网络的全自动同声传译系统，能够通过语音识别、语言翻译、语音合成等技术将英文演讲者的内容自动转换成中文语音，标志着 AIGC 在语音处理领域取得了一些进展。

3. 快速发展阶段（2010 年至今）

近年来，生成式人工智能迎来了快速发展的黄金时期。大规模数据集的可用性、计算能力的指数级增长以及算法的不断优化，共同推动了其发展的步伐。在自然语言处理领域，诸如 Transformer 架构的应用催生了像 OpenAI 的 GPT 系列这样的强大语言模型，它们能够生成连贯、富有逻辑且具有一定创造性的文本。在图像生成方面，StyleGAN 等先进模型不仅能够生成高分辨率的逼真图像，还能对图像的风格、属性进行灵活控制。同时，生成式人工智能在音频、视频等多模态领域也取得了令人瞩目的成就，能够生成逼真的语音、流畅的视频片段等。

（1）2014 年，生成式对抗网络首次被提出，成为该领域的一个重要里程碑，在各种应用中取得了显著成果。此后，变分自编码器和其他方法（如扩散生成模型）也被开发出来用于图像生成等过程。

（2）2017 年，阿希什·瓦桑尼（Ashish Vaswani）等人为自然语言处理任务引入了 Transformer，后来其被应用于计算机视觉，随后成为各个领域中许多生成模型的主要骨干。微软推出了人工智能少女"小冰"，并发布了世界上首部由 100% 人工智能创作的诗集《阳光失了玻璃窗》。

（3）2018 年，英伟达发布了 StyleGAN 模型，能够自动生成逼真的图片，目前已升级到第四代模型 StyleGAN-xl。

（4）2018 年，人工智能生成的画作在佳士得拍卖行以 43.25 万美元成交，成为世界上首个出售的人工智能艺术品，引发各界关注。

（5）2019 年，DeepMind 发布了 DVD-GAN 模型，用于生成连续视频。

（6）2021 年，OpenAI 推出了 DALL-E，用于文本与图像的交互生成内容，只需用户输入简短的描述性文字，即可创作出各种风格的绘画作品。

（7）2022 年底，OpenAI 推出了 ChatGPT，这是一款模仿自然语言的应用，能够利用神经网络架构和大量数据及语料库的机器学习，模仿普通人的对话和写作，一经推出便引起广泛关注。

（8）2023 年 3 月 16 日，微软宣布引入名为 Copilot 的人工智能服务，并将其整合到 Word、PowerPoint、Excel 等 Office 办公软件中，该服务可根据各软件的功能和需求处理不同类型任务。

（9）2024 年 7 月 3 日，世界知识产权组织发布《生成式人工智能专利态势报告》，报告显示 2014—2023 年我国发明人申请的生成式人工智能专利数量最多。同时，全球生成式人工智能相关的发明申请量达 54000 件，其中超过 25% 是在 2023 年一年内出现的。

展望未来，生成式人工智能的发展前景依然广阔且充满无限可能。随着技术的不断进步，人们有理由相信它将在更多领域展现出惊人的创造力和应用价值，为人类社会带来更多的福祉和变革。但同时，也需要面对和解决发展过程中面临的诸多挑战，以确保其健康、可持续地发展。

4.1.3   生成式人工智能的工作原理

1. 生成式人工智能的技术基础

生成式人工智能的强大能力建立在一系列坚实的技术基础之上，这些技术的协同作用为其创造性的生成能力提供了有力支撑。

深度学习是其中最为关键的基石之一。深度学习中的多层神经网络架构拥有卓越的特征提取和模式识别能力。通过大量的神经元节点和复杂的连接关系，这些网络能够自动从海量的数据中学习到极其复杂和微妙的特征表示。例如，在处理图像数据时，卷积神经网络（Convolutional Neural Network，CNN）能够有效地捕捉图像中的空间局部特征，从而识别出物体的形状、纹理和颜色等关键信息。而在处理序列数据，如自然语言时，循环神经网络及其变体，如长短期记忆网络和门控循环单元，能够记住长期的依赖关系，理解上下文的语义和语法结构。这种强大的自动特征学习能力使得生成式人工智能模型能够对输入数据有深刻的理解，为生成高质量的新内容奠定了基础。

概率模型在生成式人工智能中也扮演着不可或缺的角色。概率分布被用于描述数据生成的不确定性和随机性。通过学习数据的概率分布，模型能够模拟出各种可能的结果，并生成符合这种分布的新样本。例如，高斯混合模型可以用来表示具有多个模式的数据分布，HMM则适用于处理具有时间序列特征的数据。这些概率模型为生成式人工智能提供了一种理论框架，使得生成的结果更具合理性和自然性。

生成对抗网络的出现则为生成式人工智能带来了全新的思路和突破。生成对抗网络中的生成器和判别器之间的对抗训练机制形成了一种动态的平衡和优化过程。生成器不断生成足以以假乱真的数据，以骗过判别器；判别器则不断提升自己的鉴别能力，试图准确区分真实数据和生成数据。这种竞争关系促使双方不断进化和改进，从而使得生成器能够生成越来越逼真和高质量的样本。生成对抗网络的应用范围广泛，从图像生成到音频合成，都展现出了令人瞩目的成果。

此外，强化学习也在生成式人工智能中发挥着重要作用。通过与环境的交互和基于奖励的反馈机制，模型能够学习到最优的生成策略。例如，在文本生成中，可以通过奖励生成的文本与给定主题的相关性、语言的流畅性和逻辑性等因素，来引导模型生成更符合要求的内容。

从技术基础的角度来看，深度学习技术为生成式人工智能提供了强大的支持。深度神经网络能够自动从数据中提取复杂的特征和模式，从而使模型能够理解数据的内在结构。概率模型则帮助模型理解和模拟数据的不确定性和随机性，使得生成的结果更加自然和真实。

综上所述，深度学习、概率模型、生成对抗网络和强化学习等技术相互融合、相互促进，共同构成了生成式人工智能的强大技术基础，为其在各种领域的创新应用和出色表现提供了源源不断的动力。

2. 生成式人工智能的模型架构

生成式人工智能的工作原理是一个复杂而精妙的过程，它融合了多种先进的技术和算法，以实现从数据中学习并创造出新的、有意义的内容。

首先，在模型架构方面，生成式人工智能采用了一系列创新的架构设计。

（1）深度神经网络（Deep Neural Network，DNN）是一种多层无监督神经网络，它通过模拟人脑神经元的连接方式来进行信息处理。这类网络由多层神经元构成，每一层都包含大量的神经元。这些神经元通过加权连接与前一层的神经元相连，并通过激活函数（如 ReLU、Sigmoid、Tanh 等）来引入非线性因素。网络的深度（即层数）决定了其学习能力和表达能力。DNN 能够学习并提取数据的复杂特征。通过 DNN，生成式人工智能能够更准确地理解数据的内在逻辑和规律，从而生成更为逼真和高质量的内容。

DNN 的基本原理如下。

1）层级结构：DNN 由多个神经元层组成，每层接收上一层的输出作为输入，并通过非线性变换和权重调节来计算输出。

2）特征学习和权重调节：通过反向传播算法进行训练，即通过计算预测输出与真实输出之间的误差，并使用梯度下降法更新网络中的权重和偏置值，直到网络达到预定的性能水平。

DNN 的核心算法如下。

1）反向传播算法（Backpropagation）：这是一种基于梯度下降的优化方法。首先，通过前向传播计算网络的输出，然后根据输出与真实标签之间的差异（损失函数）计算梯度，最后通过反向传播更新网络权重以最小化损失函数。

2）优化算法：除了基本的梯度下降算法，还有许多优化算法，如随机梯度下降（Stochastic Gradient Descent，SGD）、动量法、Adam 优化器等，这些算法能够加速收敛，提升训练效果。

在生成式人工智能的应用中，深度神经网络通常用于模型的训练和生成阶段。它能够处理大量的输入数据，并学习到数据间的复杂关系。这使得生成式人工智能在文本生成、图像生成等领域展现出了惊人的能力。

（2）生成对抗网络（Generative Adversarial Network，GAN）由两个神经网络组成：一个生成器（Generator）和一个判别器（Discriminator）。生成器的任务是从随机噪声中生成看起来真实的数据样本，而判别器的任务则是区分生成的数据和真实的训练数据。生成器就如同一位富有想象力的创作者，它试图生成看似真实的数据来迷惑判别器；而判别器则充当着严厉的审查者角色，它需要准确地判断出所接收到的数据究竟是来自真实的数据源，还是由生成器所伪造的。通过这种相互竞争和对抗的机制，生成器不断改进自己的生成能力，以产生越来越逼真的数据。

1）对抗训练：生成器和判别器之间的博弈过程，生成器试图欺骗判别器，而判别器则努力识别生成数据与真实数据的区别。

2）损失函数：定义了生成器和判别器的目标，生成器的损失函数旨在最大化判别器的误分类率，而判别器的损失函数旨在最小化误分类率。

3）稳定性问题：GAN 的训练过程容易出现不稳定的问题，如模式崩溃、梯度消失 / 爆炸等。研究者们通过引入各种技巧来提高训练的稳定性，如 Wasserstein GAN（WGAN）、Progressive Growing of GANs（PGGAN）等。

（3）变分自编码器（Variational Auto-Encoder，VAE）则采用了不同的策略。VAE 是一种无监督学习方法，它通过对数据集分别进行编码和解码的过程来学习数据的概率分布。它将输入数据编码为潜在空间中的概率分布（通常是高斯分布），并通过从这个分布中进行采样来生成新的数据。这使得模型能够捕捉到数据中的潜在模式和特征，并基于这些模式生成与原始数据具有相似特征的新内容。

VAE 的工作原理如下。

1）编码器：一个神经网络，它将输入数据映射到一个隐空间中的概率分布。

2）解码器：另一个神经网络，它从隐空间中采样，并将样本映射回原始数据空间。

3）潜在空间：VAE 通过编码器将输入数据映射到一个连续的潜在空间，在这个空间中可以进行平滑的插值，从而生成新的数据实例。

4）重参数化技巧：为解决在反向传播过程中不能直接对随机变量求导的问题，VAE 使用了重参数化技巧，即通过一个确定性的函数加上随机噪声来生成潜在变量的样本。

5）KL 散度（Kullback-Leibler Divergence，KLD）：VAE 的损失函数包括重构误差项和 KL 散度项，后者用于惩罚潜在变量分布与先验分布之间的差异，确保生成的数据保持在合理范围内。

VAE 的优点如下。

1）VAE 能够生成平滑的潜在空间，使得在潜在空间中进行插值变得有意义。

2）VAE 生成的数据通常具有更高的质量，并且可以更容易地控制生成过程。

（4）流模型（Flow Models）是一类概率模型，它们能够显式地建模数据的概率分布，并通过一系列可逆变换将复杂数据转换为简单分布。这种模型的优势在于它们能够提供精确的概率估计，并且易于采样。

（5）循环神经网络（Recurrent Neural Network，RNN）是一种用于处理序列数据的神经网络。RNN 具有记忆功能，能够捕捉序列数据中的时序信息。RNN 在自然语言处理、语音识别、时间序列预测、生成文本图像等领域具有广泛的应用。

RNN 的基本结构包括输入层、隐藏层和输出层，如图 4-1 所示。其中，隐藏层的神经元之间存在循环连接，形成了一种特殊的循环结构。这种循环结构使得网络能够记住之前的信息，并在处理当前输入时加以利用。

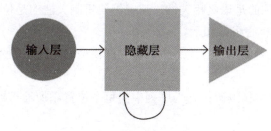

图 4-1　RNN 原理示意图

RNN 有多种变体，常见的有以下几种如下。

1）长短时记忆网络（Long Short-Term Memory，LSTM）：LSTM 是一种特殊的 RNN，通过引入门控机制解决了传统 RNN 在处理长序列时出现的梯度消失或梯度爆炸问题。

2）门控循环单元（Gated Recurrent Unit，GRU）：GRU 是另一种解决梯度问题的 RNN 变体，它简化了 LSTM 的结构，但保留了门控机制。

3）双向循环神经网络（Bidirectional Recurrent Neural Network，BiRNN）：BiRNN 可以同时捕捉过去和未来的信息，通过将两个独立的 RNN 连接在一起实现。

由于序列数据的依赖性，RNN 的训练时间较长，计算复杂度较高。RNN 在处理长序列时，可能难以捕捉远距离的依赖关系。虽然 RNN 在处理长序列时存在局限性，但在某些生成任务中仍然非常有效，尤其是在文本生成方面。通过调整网络结构（如使用 LSTM 或 GRU），RNN 可以捕获较长的上下文信息。

（6）变换器（Transformer）模型（图 4-2），最初是为了处理自然语言处理任务而设计的，但其强大的序列建模能力也使其成为生成式任务的理想选择。通过自注意力机制，Transformer 模型能够捕捉序列中长距离的依赖关系，这对于生成高质量的文本、图像和其他序列数据至关重要。

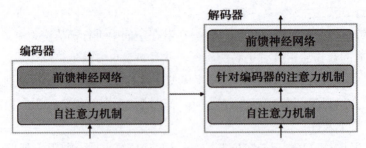

图 4-2　Transformer 模型编解码器内部结构图

注意力机制通过计算编码器端的输出结果中的每个向量与解码器端的输出结果中的每个向量的相关性，得出若干相关性分数，再进行归一化处理将其转化为相关性权重，用来表征输入序列与输出序列各元素之间的相关性。

自注意力机制是注意力机制的一种变体。它减少了对外部信息的依赖，更擅长捕捉数据或特征的内部相关性。

多头注意力机制关注的是语义相关性，位置编码机制关注的是位置相关性。

Transformer 模型的核心组件如下。

1）多头自注意力机制：多头自注意力机制允许模型同时关注输入的不同位置，从而更好地捕捉长距离依赖关系。

2）位置编码机制：位置编码机制为序列中的每个位置添加唯一标识符，以便模型能区分不同位置的信息。

3）前馈网络：前馈网络用于增加模型的表达能力，处理序列中的局部信息。

4）训练技巧：为了优化 Transformer 模型的训练过程，研究者们采用了各种技巧，如使用更大的批量大小、自适应学习率等。

Transformer 模型优势如下。

1）Transformer 架构能够并行处理输入序列，显著提高了训练速度。

2）自注意力机制使得模型能够捕捉到输入序列中的全局依赖关系。

（7）自回归模型（Autoregressive Model），如在自然语言处理中广泛应用的 GPT 系列，其工作方式是基于先前生成的元素来预测下一个元素。这种逐步生成的过程使得模型能够构建出连贯的、符合语言逻辑的文本。当时间序列存在非线性关系时，自回归模型的预测性能可能会受到影响。自回归模型对异常值较为敏感，异常值可能导致模型参数估计不准确，进而影响预测结果。

自回归模型只适用于预测与自身前期相关的因素或现象。在实际应用中，自回归模型还可以与其他时间序列分析方法结合使用，如向量自回归模型、滑动平均模型、指数平滑模型等，以提高预测的准确性和稳定性。

（8）生成式预训练模型，如 GPT-3 和 GPT-4，都是基于 Transformer 架构的生成式模型，它们在大规模文本数据上进行预训练，然后针对特定任务进行微调。这些模型在自然语言生成方面表现出色，可以用于各种语言任务，如文本补全、问答系统和翻译。

（9）扩散模型（Diffusion Model）是一类在深度学习领域中具有重要地位和广泛应用的模型架构。

　　扩散模型的核心思想是通过一系列逐渐添加噪声的过程，将原始数据逐渐变得随机和无序，然后学习如何逆向这个过程，并逐步从噪声中恢复出原始的数据分布。这一过程类似于在物质中进行的扩散现象，信息逐渐从清晰变得模糊，而模型则要学会从模糊中还原清晰。扩散模型的扩散过程如图 4-3 所示。

正向扩散过程

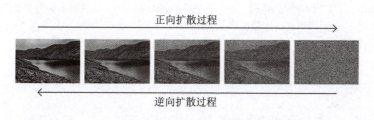

逆向扩散过程

图 4-3　扩散模型的扩散过程

　　在技术实现上，扩散模型通常由多个步骤组成。首先，它会在多个时间步长上对输入数据添加高斯噪声，使得数据逐渐失去其原有的特征和结构。然后，通过训练一个神经网络来学习如何在每个时间步长上逐渐去除噪声，并逐步还原出原始数据。这个神经网络会学习数据的潜在模式和规律，以准确地预测如何从噪声中恢复出有用的信息。

　　扩散模型具有许多出色的特性和优势。它能够生成高度逼真和多样化的样本，在图像生成、音频合成等领域表现出色。与其他生成模型相比，扩散模型在处理复杂的数据分布和生成高质量的细节方面往往具有更强的能力。

　　此外，扩散模型还具有较好的可扩展性和灵活性。研究人员可以根据不同的任务和数据特点，对模型进行调整和优化，例如改变噪声添加的方式、调整时间步长的数量或改进神经网络的结构，以适应各种具体的应用场景。

　　在实际应用中，扩散模型已经在诸多领域取得了显著的成果。在计算机视觉领域，它能够生成逼真的图像，包括人物肖像、自然风景等；在自然语言处理中，也有研究尝试将其应用于文本生成等任务。

　　总的来说，扩散模型为生成式任务提供了一种强大而有效的方法，为人工智能领域的发展带来了新的思路和可能性，并且在未来有望继续发挥重要作用，推动相关技术的不断创新和进步。

　　（10）基于对比学习的图文预训练模型（Contrastive Language-Image Pre-training，CLIP）是由 OpenAI 开源的深度学习领域的一个多模态模型。CLIP 模型不仅有着语义理解的功能，还有将文本信息和图像信息结合，并通过注意力机制进行耦合的功能。要训练一个 CLIP 模型，必须先有一个结合人类语言和计算机视觉的数据集。实际上，CLIP 模型就是在从网上收集到的 4 亿张图片和它们对应的文字描述基础上训练出来的。CLIP 训练图片及相关描述示例如图 4-4 所示。

　　CLIP 模型由一个图像编码器和一个文本编码器构成。CLIP 模型的训练过程（图 4-5）：首先从积累的数据集中随机抽取出一张图片和一段文字，此时，文字和图片不一定是匹配的。抽取出的图片和文字会通过图像编码器和文本编码器被编码成两个向量。CLIP 模型的任务就是确保图文匹配，并在此基础上进行训练，最终得到两个编码器各自最优的参数。

图片

文字描述

夏季时光中风景
秀丽的山湖景

飞行的乌鸦

在阿尔卑斯山勃朗峰
滑翔

图 4-4　CLIP 训练图片及相关描述示例

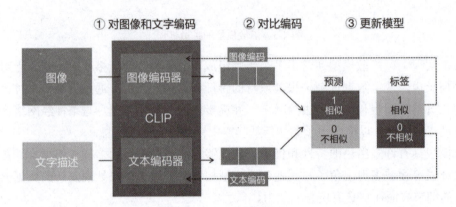

图 4-5　CLIP 模型训练过程

3. 生成式人工智能的训练过程

在训练过程中，数据的收集是至关重要的第一步。大量且多样化的相关数据被精心收集，这些数据涵盖了各种可能的情况和模式。随后，数据需要经过严格的预处理，包括清洗、分词、标记化等操作，以便将其转化为模型能够理解和处理的形式。

在模型训练阶段，通过使用预处理后的数据，模型不断调整其内部参数，以优化特定的损失函数。这个过程就像是一场不断调整和优化的竞赛，模型使生成的数据尽可能地接近真实数据的分布，从而提高生成的准确性和质量。

4. 生成式人工智能的优化方向

为了提高生成式人工智能的性能和实用性，研究者们正致力于以下几个方向的优化。

（1）模型复杂度。提高模型的容量和复杂度，以生成更高质量的内容。

（2）生成多样性。通过改进损失函数和优化策略，提高生成内容的多样性和新颖性。

（3）可控生成。使生成过程更加可控，允许用户指定更多的生成条件或约束。

（4）模型融合。未来可能会看到不同类型的生成模型之间更深层次的融合，以发挥各自的优势，例如结合 GAN 的生成能力和 VAE 的可控性。

（5）多模态生成。随着技术的发展，生成式人工智能将能够处理更多类型的输入和输出形式，实现跨模态的数据生成，如文本转图像、语音转文本等。

（6）自适应生成。AI 系统将变得更加智能，能够根据用户的反馈和上下文自适应地调整生成策略，以满足更加个性化的需求。

5. 生成式人工智能的模型评估

评估生成式人工智能模型的性能对于确保其可靠性和实用性至关重要。常用的评估指标包括但不限于以下几点。

（1）FID Score（Fréchet Inception Distance）。该指标用于衡量生成图像与真实图像间的分布差异。

（2）BLEU Score（Bilingual Evaluation Understudy）。该指标用于评估机器翻译和文本生成的质量。

（3）Perplexity。该指标用于评估语言模型预测下一个词的概率分布的能力。

（4）Human Evaluation。该指标用于通过专家或用户调查来评估生成内容的质量。

总之，生成式人工智能的工作原理是一个相互协作、不断优化的复杂系统，通过巧妙地融合模型架构、训练过程和技术基础，它能够展现出令人惊叹的创造力和生成能力。

4.1.4　生成式人工智能的应用领域

生成式人工智能的应用领域十分广泛且多样，具体能应用到以下领域。

（1）内容创作领域。在文本创作方面，生成式人工智能能够生成新闻报道、小说故事、诗歌散文甚至编程代码等各种类型的文字内容；在图像创作上，它可以创造出全新的艺术作品，或依据文字描述生成具体的图像；在音乐制作中，它能够作曲、编曲或进行音乐编辑，为音乐创作者提供新颖的创意和灵感。

（2）设计与建模行业。在建筑设计领域，生成式人工智能可以生成多样化的设计方案，助力设计师挖掘更多可能性；在时尚界，它的应用能让设计师迅速获得服装设计草图；此外，它还可用于生成三维模型，并在游戏开发、电影特效以及 VR 和 AR 内容的制作中得到广泛运用。

（3）智能制造。生成式人工智能可以让设计师快速生成多个设计方案，包括机械结构和电路布局；通过创建虚拟原型，可以在物理原型制作之前解决设计问题。生成式人工智能有助于预测新材料的性能，加速研发周期。它可以预测生产需求，帮助智能排产，确保生产线高效运行。通过分析设备运行数据，它还可以预测设备问题，实现预防性维护。生成式人工智能可以监测能耗情况，生成节能建议，实现远程设备监控，提高设备可用性和可靠性。生成式人工智能可以根据生产数据生成工艺改进方案，提高效率和质量，还可用于自动化视觉检测，识别产品表面缺陷。通过声音分析和数据分析，生成式人工智能可以预测质量问题。它可以预测市场需求，帮助规划库存和生产计划，可以根据交通和天气等因素生成最优物流配送方案。它还可以分析供应商数据，评估风险和可靠性。

（4）数据增强与模拟方面。在机器学习和数据科学中，生成式人工智能可以用于数据增强，通过创造额外的训练样本来提升模型的健壮性和泛化能力；同时，它还能够模拟复杂系统的行为，为科学研究提供仿真环境，在气候变化研究、物理学和生物学等领域发挥重要作用。

（5）个性化推荐系统。通过分析用户的历史行为和偏好，生成式人工智能可以生成个性化的内容推荐，不管是电影、音乐、书籍，还是购物产品等，这不但提高了用户的满意度，还增强了企业的用户黏性和转化率。

（6）虚假内容检测。随着"深度伪造"技术的出现，检测和鉴别由生成式人工智能产生的虚假内容变得至关重要。经过训练的人工智能模型能够识别图像、视频或音频中的细微差别，从而判断内容是否被篡改，这对于维护信息的真实性和可靠性，保护公众免受误导具有深远意义。

（7）气候变化模拟。生成式人工智能可以构建更加复杂的气候模型，这些模型能够模拟不同温室气体排放情景下的气候响应。通过分析历史气象数据和当前观测数据，它可以预测未来的气候变化趋势。它还可以处理从全球到区域乃至局部的多尺度气候模拟，为政策制定者提供更精细的决策依据。

（8）生态恢复与监测。生成式人工智能可以模拟生态系统恢复的过程，包括植被生长、物种多样性变化等。它可以综合考虑土壤类型、降雨量、温度等因素，生成最适宜的生态恢复方案。通过分析卫星图像和无人机拍摄的数据，生成式人工智能可以监测生态恢复项目的进展和效果，它也可以预测空气或水体中污染物的扩散路径和浓度分布。它可以生成应急预案，当检测到污染物超标时，能够迅速制定出有效的应对措施。结合智能传感器收集的数据，生成式人工智能可以实时监测环境状况，并预测未来的污染趋势。

（9）可持续能源开发。生成式人工智能技术可以预测风力发电的最佳时机和地点。AI 可以根据天气预报数据生成最优的太阳能面板布局方案。生成式人工智能可以预测电力需求波动，并优化电力分配策略，以提高能源利用效率。国家电网可以使用 AI 优化电力分配。通过分析历史用电数据和天气预报信息，生成式人工智能可以预测电力需求的变化，并根据预测结果动态调整发电计划。这种方法有助于减少能源浪费，提高能源系统的灵活性和可靠性。通过精细化管理电力资源，生成式人工智能可以降低运营成本，同时减少碳排放。

（10）野生动物保护。生成式人工智能技术可以模拟野生动物的行为模式，帮助研究人员了解动物的生活习性和迁徙路线。AI 可以根据动物的生存需求生成栖息地恢复计划，促进物种多样性。通过分析卫星图像和地面监控数据，生成式人工智能可以检测潜在的非法狩猎活动。

（11）教育与培训行业。生成式人工智能可以提供定制化的学习材料和模拟训练环境。它可以根据学生的学习进度和理解能力生成适宜的教学内容，或模拟现实世界的场景来进行技能培训，例如模拟手术、飞行训练等，极大地提高了学习和培训的效率与效果。

（12）公共交通。生成式人工智能可以根据实时路况、乘客数量和特殊事件（如交通事故、天气变化等）动态调整公交、地铁等公共交通工具的发车时间与频率。利用历史数据和实时数据，生成式人工智能可以为乘客规划最短或最快捷的路线，同时考虑到个人偏好，如避免拥挤线路。通过对历史数据的分析，它还可以预测特定时间段内各个站点的客流量，以便更合理地分配资源。基于生成式人工智能的智能交通管理系统可以预测交通拥堵点，及时调整红绿灯的时间，缓解交通压力。当发生大型活动或突发事件时，它可以快速生成疏散方案，确保乘客的安全撤离。乘客可以通过语音或文字与智能客服系统互动，获取关于票价、时刻表、车站设施等信息，同时系统能够根据乘客的反馈进行自我学习和优化。生成式人工智能可以为有特殊需求的乘客提供语音引导、触觉反馈等功能，帮助他们更轻松地使用公共交通工具。基于生成式人工智能分析得出的出行模式，城市规划者可以更加科学地规划新的交通线路和交通枢纽，提高整个城市的交通效率。它还可以预测哪些地区在什么时间段会出现停车难的问题，并据此调整停车场的布局和容量。

（13）金融服务。生成式人工智能可以自动从数据库中提取数据并生成财务报告、季度报告等，减少人工工作量和出错率。根据监管要求自动生成各类合规文件，如审计报告、风险评估报告等。它还可以定期执行内部审计任务，确保业务操作符合法规要求。使用自然语言处理技术审查和创建法律合同，确保合同条款的准确性和合规性。通过分析客户的信用记录和行为模式，生成式人工智能可以自动生成信用评分，帮助银行进行信贷决策，简化和加速贷款审批、保险理赔等流程。它可以使用机器学习模型识别异常交易行为，及时发现潜在的欺诈行为。它可以利用大数据分析预测市场波动和宏观经济趋势，帮助金融机构更好地管理市场风险。它还可以自动生成股票分析报告、经济展望等，辅助投资顾问制定策略。

（14）交互式娱乐产业。在视频游戏和互动娱乐领域，生成式人工智能能够创建动态变化的游戏环境和情节，为玩家带来独一无二的游戏体验。此外，它还能依据玩家的行为和偏好实时生成游戏内容，使游戏世界和故事更加丰富多彩、更具个性化。

（15）医疗领域。例如在中山大学眼科中心，生成式人工智能可以分析影像、症状记录等眼科数据，辅助医生进行诊疗，未来甚至有希望独立为患者看病。系统应用员通过为 AI 录入大量医学资料和医疗案例，让其具备丰富的医学知识，并教会它与病人有效沟通，从而为病人提供更精确、更有价值的信息。

（16）药物发现。AI 可以通过模拟化合物的化学性质，预测它们与生物靶点的相互作用，加速新药的研发过程。Insilico Medicine 使用 AI 预测小分子化合物的活性，加速了药物筛选过程。它利用 Transformer 架构的分子生成模型能够根据目标蛋白质的结构生成潜在药物分子。

（17）媒体行业。借助生成式人工智能，媒体行业能够提高内容生产效率，包括电视剧、电影、自媒体等。随着生成时长、场景准确度、提示词遵循度等性能指标的不断提升，它将有效降低媒体行业的制作成本和从业门槛，改变媒体行业的内容生态。

（18）创意产业。生成式人工智能所生成的虚拟视频具有想象力和设计感，创作者可以利用它生成完整的创意作品，或找寻已有作品中的可改进之处。搭载多种功能的生成式人工智能可以融合各种媒体形式的素材，创造出极为丰富的内容，降低内容创作者的门槛，使普通人也有机会展现自己心中的艺术世界，推动创意产业迎来新发展。

（19）游戏与仿真产业。新一代生成式人工智能展现出的数字模拟能力会进一步降低游戏的制作门槛，使小团队也能独立完成大制作的开发；还能为数字仿真带来新的技术路线，利用模型演算、预测复杂事件的走向。未来，它有望成为一个完整的虚拟世界引擎。

（20）其他行业。如电信、消费电子产品等行业。运营商可使用生成式人工智能开发基础模型、构建相关应用程序并为其提供基础设施。

随着技术的不断进步和发展，生成式人工智能的应用领域还将继续拓展和深化，为更多的行业和领域带来创新和变革。

4.1.5　生成式人工智能的大语言模型应用

大语言模型（Large Language Model，LLM）是生成式人工智能的一个重要分支，它在自然语言处理领域取得了显著的成果。如今，全球科技发展的步伐愈发迅猛，已然进入到一个以 LLM 为重要驱动力量的崭新阶段。在国外，过去的一段时间里，众多实力雄厚的科技公司凭借其多年来积累的深厚技术底蕴以及强大的研发能力，在 LLM 领域不断发力。它们持续投入大量的资源，使得 LLM 产品以令人瞩目的速度不断迭代更新，并在自然语言的理解和生成等关键能力上，一次次实现了突破性的提升。这些进步不仅仅停留在技术层面，更重要的是，它们被广泛而深入地应用到了众多行业和领域之中，为诸如智能客服、内容创作、智能翻译等领域带来了前所未有的变革和效率提升。

在国内，虽然在大语言模型领域的起步相对较晚，但国内拥有着巨大的市场需求和潜力，这为技术的发展提供了广阔的空间和强大的动力。同时，众多科研人员凭借着坚韧不拔的毅力和对技术的执着追求，不懈努力、日夜攻坚，在算法的优化、数据的采集与处理、模型的训练等方面不断取得显著的进步，逐渐缩小了与国际先进水平的差距。并且，国内的 LLM 产品更加注重与本土文化、语言习惯以及实际业务场景的深度融合，展现出了独特的创新能力和适应性。

当前，生成式人工智能等前沿数字技术正在重新定义内容的生产与消费模式。2020 年 10 月，北京智源人工智能研究院启动超大规模预训练模型研发项目"悟道"，2023 年 6 月 12 日发布"悟道 3.0"，是国内首个超大规模 AI 模型。凭借着国内巨大的市场需求和科研人员的不懈努力，众多科技巨头和初创企业纷纷推出各具特色的 AI 大模型，这些模型在智能问答、知识推理、内容创作等多个方面展现出较为强大的能力。截至 2024 年 7 月底，我国已经完成备案并上线、能为公众提供服务的生成式人工智能服务大模型已达 180 多个，注册用户数已突破 5.64 亿。中外 LLM 主流产品各自有着怎样的特色和优势呢？接下来将撷取一部分国外有代表性的主流产品进行评述介绍。

1. ChatGPT

ChatGPT 是 OpenAI 研发的一款聊天机器人程序，于 2022 年 11 月 30 日发布。ChatGPT 是人工智能技术驱动的自然语言处理工具，它能够基于在预训练阶段所见的模式和统计规律来生成回答，还能根据聊天的上下文进行互动，真正像人类一样来聊天交流，甚至能完成撰写论文、邮件、脚本、文案、翻译、代码等任务。2024 年 5 月 14 日，OpenAI 推出了 ChatGPT-4o。7 月，ChatGPT 推出了语音对话功能。

ChatGPT 引入了新技术基于人类反馈的强化学习（Reinforcement Learning with Human Feedback，RLHF）。RLHF 解决了生成模型的一个核心问题，即如何让人工智能模型的产出和人类的常识、认知、需求、价值观保持一致。提示学习（Prompt-based Learning）作为 ChatGPT 为代表的大语言模型的特色，不同于传统的监督学习，它直接利用了在大量原始文本上进行预训练的语言模型，并通过定义一个新的提示函数，使该模型能够执行小样本甚至零样本学习，以适应仅有少量标注或没有标注数据的新场景。

ChatGPT 的局限：由于模型不能实时更新，其回答的时效性受到限制，特别是在快速变化的知识领域；模型回答因生成算法及对输入的敏感性，存在结果不稳定和不一致现象。

2. Sora

2024 年 2 月 15 日，美国人工智能研究公司 OpenAI 发布了文生视频大模型 Sora。Sora 对于需要制作视频的艺术家、电影制片人或学生带来无限可能，其是 OpenAI "教 AI 理解和模拟运动中的物理世界"计划的其中一步，也标志着人工智能在理解真实世界场景并与之互动的能力方面实现飞跃。Sora 的优势主要是三方面。

（1）Sora 可以生成长达 60 秒钟的视频，包括多个角色、特定类型动作和主题背景。

（2）Sora 可以在单个生成的视频中创建多个镜头，模拟复杂的摄像机运镜，同时准确地保持角色和视觉风格。

（3）Sora 能够理解物体在现实世界中的物理规律和存在方式。

Sora 也存有以下弱点：可能难以准确模拟复杂场景的物理原理；无法理解因果关系；混淆提示的空间细节；难以精确描述随着时间推移发生的事件等。

3.　Stable Diffusion 3

Stable Diffusion 3（SD3）是 Stability AI 于 2024 年 2 月 23 日发布的文生图大模型。SD3采用了一种全新的多模态扩散变换器（Multimodal Diffusion Transformer，MMDiT）架构。其主要突破点在于对文字、图像两种模态的数据使用了两组独立的权重，并通过注意力机制进行连接，这使得信息可以在文本和图像之间流动，大大提升了模型的语义理解和文字渲染能力。但是 SD3 也存在一些不足，比如在生成手部的时候依旧会出现错误，以及在生成"躺"这个姿势时，人物会出现严重的崩坏。

由于受当前国际政治影响，国内用户尚不能正常使用国外的大语言模型。不过大家也不用担心，国内的 AI 企业和科研机构们也紧跟不辍，纷纷推出了一大批参数高达数十亿乃至数百亿的大语言模型。和国外的那些"重量级"不同，国产模型各有其长处和特点。比如有的侧重通用对话能力、有的则专注于特定行业领域、有的追求开放领域任务的全能型、有的则瞄准特定的专业应用场景、……因此，下面将开始介绍一些国内知名的大语言模型。

4.　豆包

字节跳动从 2016 年成立了人工智能实验室 AILab，聚焦于自然语言处理、机器学习、数据挖掘等方面的研究，为后续语言模型等发展奠定基础。2023 年 8 月 6 日，云雀大模型系列（lite、plus、pro 三个版本）上线发布。2023 年 8 月 17 日，抖音集团（前字节跳动）宣布开始对外测试 AI 对话产品"豆包"（图 4-6）。豆包是由字节跳动公司基于其云雀大模型开发的AI 工具，提供多种智能服务，包括但不限于聊天机器人、写作助手以及英语学习助手等功能。它可以回答各种问题并进行对话，帮助人们获取信息。2023 年 8 月 31 日，云雀大模型通过《生成式人工智能服务管理暂行办法》备案。

2023 年 9 月 26 日，发布 skylark - chat（豆包同款）对话模型 v1.0。2023 年 12 月 5 日，skylark2 - pro - 4k 对话模型 v1.0 发布。豆包支持网页 Web 平台、iOS 以及安卓平台，iOS 用户可以通过 TestFlight 进行安装。豆包具备文案创作、PDF 问答、长文本分析、学习辅助、图像生成、信息搜索与整合、AI 智能体等能力。它可以实现智能问答、文本生成、自动写作、语音合成等多种功能，为用户提供便捷的智能服务。

2024 年 5 月 15 日，字节跳动在春季火山引擎 Force 原动力大会上正式发布了豆包大模型家族，包括通用模型、角色扮演模型、声音复刻模型、语音识别模型、文生图模型等，进一步丰富了豆包的应用场景和服务能力。豆包 App 自上线至 2024 年 5 月，总下载量已经达到 1亿次，这显示出其在市场上的广泛接纳度。

图 4-6　豆包

5. 天工

天工大模型（图 4-7）是昆仑万维自研的双千亿级大语言模型，是中国首个对标 ChatGPT 的双千亿级大语言模型，可满足文案创作、知识问答、代码编程、逻辑推演、数理推算等需求。

图 4-7　天工大模型

2023 年 4 月 17 日，自研双千亿级大语言模型天工 1.0 发布。2023 年 7 月 6 日，天工 AI 智能助手 App 正式上线。7 月 27 日，入选中国信通院"铸基计划"高质量数字化转型产品及服务全景图。

2023 年 8 月 23 日，推出国内第一款 AI 搜索产品——"天工 AI 搜索"。"天工 AI 搜索"深度融合 AI 大模型能力，通过人性化、智能化的方式全面提升用户的搜索体验，为用户提供快速、可靠的交互式搜索服务。2023 年 9 月 17 日，昆仑万维通过中国信息通信研究院"可信 AI"评估，并被评选为人工智能实验室副组长单位。2023 年 11 月 3 日，昆仑万维"天工"大模型通过《生成式人工智能服务管理暂行办法》备案，面向全社会开放服务。

2024 年 2 月 6 日，"天工 2.0"与新版"天工 AI 智能助手"App 发布，搭载强大的多模态能力，支持图文对话、文生图等多模态应用，支持最高 100K 的超长上下文窗口（超过 15 万个汉字）。

2024 年 3 月，昆仑万维获得第七届金璨奖"年度创新商业模式奖"。2024 年 4 月 17 日，"天工 3.0"基座大模型与旗下的"天工 SkyMusic"音乐大模型正式开启公测。2024 年 5 月 27 日，昆仑万维集团宣布，天工 AI 每日活跃用户已超过 100 万。

6. 通义

通义（图 4-8），由通义千问更名而来，是阿里云推出的语言模型，2023 年 9 月 12 日，通义千问大模型通过《生成式人工智能服务管理暂行办法》备案，正式向公众开放。通义为多模态大模型（Multimodal Models）。通义意为"通情，达义"，具备全副 AI 能力，致力于成为人们的工作、学习、生活助手。通义的功能包括多轮对话、文案创作、逻辑推理、多模态理解、多语言支持，能够跟人类进行多轮的交互，也融入了多模态的知识理解，且有文案创作能力，能够续写小说、编写邮件等。

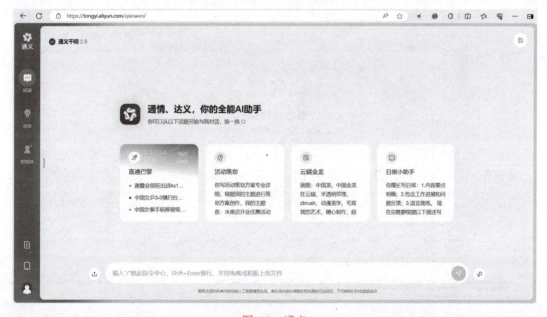

图 4-8 通义

通义大模型是一种大规模预训练模型，旨在解决智能对话、知识图谱推理和其他多模态任务。大模型的一个关键特性是能力泛化，能够适应各种新情景和任务，而不仅仅局限于训练时所遇到的特定任务。通义向所有人免费开放 1000 万字的长文档处理功能。通过调优算法或通过算力甚至使用 RAG（检索增强生成技术，是对大型语言模型输出进行优化的方法，使其能够在生成响应之前引用训练数据来源之外的知识库），都可以打造出进行 1000 万字长文档处理的体验。

2024 年 3 月 28 日消息，全球最大的智能手机芯片厂商 MediaTek 联发科技股份有限公司，已成功在天玑 9300 等旗舰芯片上部署通义大模型，首次实现大模型在手机芯片端的深度适配。2024 年 4 月 14 日，中国科学院国家天文台人工智能工作组发布基于阿里云通义开源模型打造的天文大模型——"星语 3.0"。"星语 3.0"基于阿里云通义开源模型打造，已成功接入国家天文台兴隆观测站望远镜阵列——Mini"司天"。截至 2024 年 5 月，通义提供通义灵码（编码助手）、通义智文（阅读助手）、通义听悟（工作学习）、通义星尘（个性化角色创作平台）、通义点金（投研助手）、通义晓蜜（智能客服）、通义仁心（健康助手）、通义法睿（法律顾问）八大行业模型。

2024 年 5 月，通义千问 2.5 大模型版本发布并更名为通义。2024 年 6 月 7 日，阿里通义 Qwen2 大模型发布。

7. 盘古

盘古大模型（图 4-9），是华为旗下的盘古系列 AI 大模型，包括 NLP 大模型、计算机视觉（Computer Vision，CV）大模型、科学计算大模型。华为云盘古 NLP 大模型是业界首个超千亿参数的中文预训练大模型，包含在华为云盘古系列超大规模预训练模型中。该模型结合了海量的图像、视频数据和盘古独特技术，构建了视觉基础模型、多模态大模型以及预测大模型，能够实现图像生成、理解、视频生成等功能。它通过融合语言和视觉的跨模态信息，加强了模型的多任务能力，使得不同任务间具备强大的迁移能力。

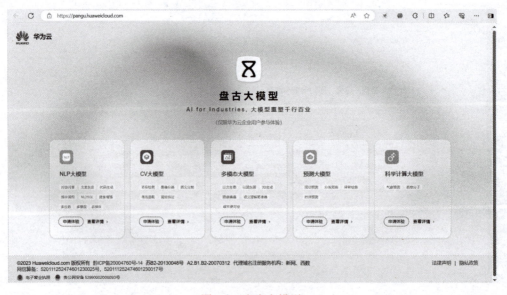

图 4-9　盘古大模型

2021 年 4 月，盘古大模型正式对外发布。2023 年 7 月 7 日，华为云盘古大模型 3.0 正式发布。2023 年 9 月 19 日，华为云盘古 NLP 大模型通过《生成式人工智能服务管理暂行办法》备案，仅限华为云企业用户参与体验。此外，华为在 2024 年 6 月 21 日发布了华为云盘古大模型 5.0。它是一个包括 30 亿参数的全球最大视觉预训练模型和与循环智能、鹏城实验室联合开发的千亿参数、40TB 训练数据的全球最大中文语言预训练模型。这些模型的开发标志着华为云在工业化 AI 开发新模式方面有了新进展，旨在提升 AI 的应用效率和效果。

盘古 CV 大模型可用于分类、分割、检测方面，是首次实现模型按需抽取的业界最大 CV 大模型，也是首次实现兼顾判别与生成能力。盘古 CV 大模型基于模型大小和运行速度需求，自适应抽取不同规模的模型，AI 应用开发快速落地。盘古 CV 大模型使用层次化语义对齐和语义调整算法，在浅层特征上获得了更好的可分离性，使小样本学习的能力获得了显著提升，达到业界第一。

借助创新的 3DEST 网络结构以及分层时间聚合算法，盘古气象大模型在气象预报的关键要素（如重力势、湿度、风速、温度等）和常用时间范围上（从一个小时到一周）的精度均超过当前最先进的预报方法，同时速度相比传统方法提升 1000 倍以上。

盘古大模型致力于深耕行业，打造金融、政务、制造、矿山、气象、铁路等领域行业大模型和能力集，将行业知识与大模型能力相结合，重塑千行百业，成为各组织、企业、个人的专家助手。

8. Kimi

Kimi（图 4-10）作为月之暗面科技有限公司（Moonshot AI）推出的智能助手产品，凭借其在自然语言处理、长文本处理、多语言对话支持等方面的技术优势，为用户提供了高效、智能的交互体验。这使得它在处理专业学术论文翻译、理解，辅助分析法律问题以及快速理解 API 开发文档等方面表现出色。从初创阶段的基础自然语言理解，到引入先进的 Transformer 和 BERT 模型，再到功能拓展和用户体验优化，Kimi 的发展历程体现了公司对 AI 技术的不断探索和创新精神。

图 4-10　Kimi

Kimi 在学术研究领域和日常工作与生活中的应用表现突出。如文献管理，Kimi 能够帮助研究人员管理和整理大量的学术文献，通过其文本处理能力，快速提取关键信息和摘要；如论文撰写，Kimi 能够辅助研究人员在撰写学术论文时提供语言上的帮助，包括语法检查、用词建议等，提高论文的质量；如办公自动化，在办公场景中，Kimi 能够帮助用户处理文档、表格和演示文稿，甚至能够根据用户的需求自动生成报告和总结。

Kimi 的发展历程引人注目，从 2023 年 10 月 9 日推出以来，它就凭借其强大的长文本处理能力迅速占领市场。在它初次亮相时，模型处理能力就达到了约 20 万汉字。2023 年 11 月 3 日，Moonshot 大模型通过《生成式人工智能服务管理暂行办法》备案。而到了 2024 年 3 月 18 日，Kimi Chat 进一步将无损上下文长度提升至 200 万汉字，是目前全球大模型产品中所能支持的最长上下文输入长度。

9. 智谱清言

智谱清言（图 4-11）是北京智谱华章科技有限公司推出的一款 AI 助手，是基于智谱 AI 自主研发的中英双语对话模型 ChatGLM2 开发的免费 AI 聊天软件，支持多轮对话，具备内容创作、信息归纳总结等能力。其经过万亿字符的文本与代码预训练，并采用有监督微调技术，它可在工作、学习和日常生活中为用户解答各类问题，完成各种任务。智谱清言已具备通用问答、多轮对话、创意写作、代码生成以及虚拟对话等丰富能力，未来还将开放多模态等生成能力。

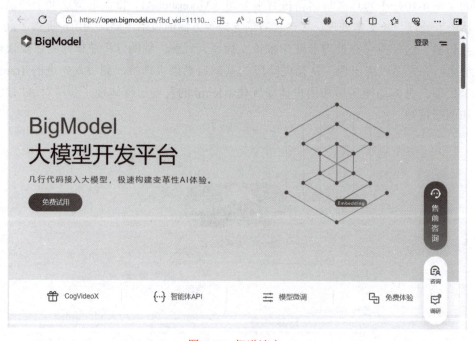

图 4-11　智谱清言

2023 年 8 月 31 日，智谱清言正式上线，并通过了《生成式人工智能服务管理暂行办法》备案，可正式上线面向公众提供服务。用户可通过苹果商店、安卓主流商店（包括华为、OPPO、vivo 及小米等）进行下载，或在微信小程序中搜索"智谱清言"体验其功能。

智谱 AI 在大模型开源方面也表现突出，是国内大模型开源的先锋。早在 2022 年，智谱就将其开发的高精度双语千亿模型 GLM-130B 进行了开源，并在 ChatGPT 爆火后开源了 60 亿参数的 ChatGLM-6B，领先于国内同行。智谱 AI 的开源策略旨在普及大模型知识，并通过社区的力量推动大模型的发展。2023 年，智谱 AI 的估值在短时间内从 10 亿元飙升到

140 亿元，成为我国第一家估值超过百亿的大模型创业公司。

10. 腾讯混元

腾讯混元大模型（Tencent Hunyuan）是由腾讯研发的大语言模型，该模型基于 Transformer 神经网络架构，具有万亿参数规模，具备强大的中文创作能力、复杂语境下的逻辑推理能力，以及可靠的任务执行能力，网页界面如图 4-12 所示。2023 年 9 月 6 日，腾讯正式上线发布混元大模型。2023 年 9 月 14 日，混元大模型通过《生成式人工智能服务管理暂行办法》备案。10 月 26 日，腾讯混元大模型正式对外开放"文生图"功能。2024 年 5 月 30 号发布基于混元大模型的面向 C 端的 App "腾讯元宝"。2024 年 6 月 26 日，微信官方宣布，基于腾讯混元大模型，微信输入法正式上线"一键 AI 问答"功能。

图 4-12　腾讯混元大模型

腾讯混元大模型目前提供 hunyuan-pro（万亿参数版本）、hunyuan-standard（千亿参数版本）、hunyuan-lite（百亿参数版本）三个版本。它是腾讯推出的一款通用大语言模型，用户可以在腾讯云上使用腾讯混元大模型，不仅可以直接通过 API 调用腾讯混元大模型，也可以将腾讯混元大模型作为基底模型，为不同产业场景构建专属应用。

腾讯混元大模型已在 600 多个腾讯内部业务和场景中测试，并在腾讯丰富的生态中持续迭代能力。例如微信读书基于腾讯混元大模型推出了 AI 问书、AI 大纲等新功能，大幅提升了用户的阅读效率和体验。腾讯客服团队基于腾讯混元大模型升级智能客服体系，大幅提升了智能对话的意图理解的准确性和多轮问答的流畅性。

国产大模型通常基于 Transformer 架构，具有庞大的参数量，大规模预训练意味着模型需要大量的文本数据来进行训练，这些数据集通常包含互联网上的文本、书籍、新闻、百科全书等多样化的来源。许多国产大模型不仅限于文本处理，还能够处理图像、视频、音频等其他形式的数据。这种多模态融合使得国产大模型能够在复杂的任务中表现出更好的性能，例如视频内容理解、图像描述生成等。许多国产大模型针对特定行业进行了优化，例如气象、医疗、法律、金融等领域，通过专门的数据集训练，提高了在这些领域的专业性和准确性。

在技术创新方面，国产大模型采用了许多前沿的技术，例如注意力机制的改进、高效训练算法、稀疏激活等。优化技术包括模型压缩、量化、蒸馏等方法，以降低计算成本并提高模型部署的灵活性。数据安全和隐私保护是国产大模型设计时的重要考虑因素，许多大模型都采取了加密存储、隐私保护计算等措施。国产大模型的自主可控意味着模型的研发和部署都在国内完成，减少了对外部技术和数据源的依赖。

随着算力的提升和数据集的增长，未来的国产大模型参数量可能会继续攀升。未来的国产大模型将更加强调多模态的融合，支持更复杂的交互方式。随着技术成熟度的提高，国产大模型将在更多行业找到应用场景。随着对数据安全和个人隐私保护的重视，未来的国产大模型在数据治理方面也将扮演更重要的角色。

4.1.6　生成式人工智能的优势与挑战

生成式人工智能作为一项前沿技术，展现出了众多显著的优势，但同时也面临着一系列严峻的挑战。

1. 优势分析

生成式人工智能在多个方面表现出了强大的能力和潜力。

（1）卓越的创造力。生成式人工智能能够突破传统思维的束缚，不受人类先入为主的观念和既有模式的限制，从而创造出新颖独特、前所未有的内容。这种创造力不仅为艺术、文学和设计等领域注入了新鲜的血液，也为解决复杂问题提供了全新的思路和方法。例如，在音乐创作中，它可以生成别具一格的旋律与和声；在建筑设计中，它能够构思出独特的建筑结构和外观。

（2）效率的大幅提升。生成式人工智能能够在短时间内生成大量的内容，无论是文本、图像还是音频等。这对于那些需要快速产出大量素材的行业，如广告、营销和内容创作等，具有极大的价值。相比人工创作，它能够显著节省时间和人力成本，使工作流程更加高效和快捷。

（3）出色的个性化服务能力。生成式人工智能可以根据用户的特定需求、偏好和行为模式，生成高度定制化的内容。这种个性化不仅能够满足用户的个性化需求，还能够提供更加精准和贴心的服务体验。例如，在电商领域，它可以为每个用户推荐符合其个人喜好的商品描述和广告；在教育领域，它能够为每个学生定制个性化的学习资料和课程内容。

2. 面临的挑战

然而，生成式人工智能在发展和应用过程中也面临着诸多挑战。

（1）数据质量问题。生成式人工智能的性能高度依赖于所输入的数据质量。如果数据存在偏差、错误或不完整，可能导致模型学习到错误的模式和规律，从而生成不准确或不合理的内容。此外，数据标注的准确性和一致性也对模型的训练效果有着重要影响，但高质量的数据标注往往是一项耗时、费力且成本高昂的工作。

（2）模型的复杂性问题。生成式人工智能模型通常具有庞大的参数数量和复杂的结构，这使得模型的训练和优化变得极为困难。不仅需要大量的计算资源和时间，还需要专业的技术知识和经验来进行调优。而且，复杂的模型也增加了理解和解释其决策过程的难度，使得模型的透明度和可解释性成为了一个亟待解决的问题。

（3）伦理道德问题。生成式人工智能可能被用于生成虚假内容，如虚假新闻、虚假评论等，这可能会误导公众，破坏社会的信任和稳定。此外，算法偏见的存在可能导致不公平的结果，例如在招聘、信贷等领域，如果模型基于有偏差的数据进行训练，可能会对某些群体造成歧视。

（4）隐私保护问题。生成式人工智能高度依赖大量的数据进行训练。在数据收集、存储和处理过程中，存在着用户数据被泄漏、滥用或未经授权访问的风险。这不仅会侵犯用户的隐私权，还可能对企业的商业机密和国家的安全数据构成严重威胁，导致严重的法律后果和社会影响。

（5）安全问题。在模型层面，生成式人工智能模型可能存在被恶意攻击者利用的漏洞。例如，攻击者可以通过对模型进行逆向工程，获取模型的内部结构和参数，进而推断出训练数据的特征或实施对抗样本攻击，使得模型生成错误或有害的内容。模型的鲁棒性不足也可能导致其在面对异常输入或恶意干扰时产生不可预测的输出，从而引发安全事故。此外，生成式人工智能在一些关键领域的应用，如金融、医疗和交通等，若出现安全故障或错误决策，可能会导致巨大的经济损失和人员伤亡。而且，随着技术的不断发展和普及，生成式人工智能的安全问题可能会跨越国界和领域，形成全球性的安全威胁。

综上所述，生成式人工智能虽然具有诸多优势，但也需要人们认真对待其面临的挑战，通过技术创新、政策法规制定、提升公众的安全意识和防范能力以及社会监督等多方面的努力，来实现其健康、可持续的发展，并最大程度地发挥其潜力，造福人类社会。

4.1.7　生成式人工智能的伦理与法律考量

随着生成式人工智能技术的迅猛发展和广泛应用，一系列伦理和法律问题也逐渐浮出水面，需要人们深入思考和谨慎应对。

1. 伦理问题

（1）虚假信息的传播。生成式人工智能具备生成逼真但虚假内容的能力，例如虚假的新闻报道、误导性的评论和伪造的社交媒体帖子。这些虚假信息可能在短时间内迅速传播，扰乱公众的认知，破坏社会的信任体系，甚至影响到社会的稳定和安全。

（2）算法偏见的存在。如果训练数据本身存在偏差、不全面，或算法设计存在固有缺陷，生成式人工智能可能会在生成内容或进行决策时表现出不公平和歧视性。例如，在招聘推荐、信用评估等领域，可能会对某些特定群体造成不公正的待遇，加剧社会的不平等。

（3）关于原创性和创造力本质的伦理思考。当人工智能生成的作品与人类创作的作品难以区分时，如何界定原创性、版权归属以及艺术价值等问题成为了争议的焦点。这不仅对传统的创作观念和知识产权体系提出了挑战，也可能影响到艺术家的创作动力和文化的多样性。

2. 法律规范

（1）知识产权保护。生成式人工智能所创作的内容的版权归属问题亟待明确。例如，如果生成式人工智能基于大量受版权保护的作品进行学习并生成新的作品，这些新作品的版权应如何界定？是归属于开发生成式人工智能的公司、使用生成式人工智能的用户，还是存在其他的归属方式？这需要建立清晰的法律框架来解决潜在的纠纷。

同时，对于生成式人工智能可能导致的侵权行为，如未经授权使用他人的数据进行训练或生成侵犯他人知识产权的内容，需要有严格的法律制裁和赔偿机制。

（2）监管机制。人们需要建立健全的法律法规来规范生成式人工智能的开发和应用。这包括对数据收集、存储和使用的严格监管，确保符合隐私保护和数据安全的标准；对生成式人工智能产品和服务的质量和安全性进行评估和认证，以保障公众的利益；明确开发者、使用者和相关机构的责任和义务，防止技术被滥用。

此外，由于生成式人工智能的跨国界应用特点，国际的法律协调和合作也变得至关重要。不同国家和地区可能对生成式人工智能的伦理和法律问题有不同的看法和规定，需要通过国际合作来制定统一的原则和标准，以促进技术的健康发展和公平应用。

综上所述，生成式人工智能的伦理和法律考量是一个复杂而紧迫的问题。只有通过建立健全的伦理准则和法律法规，加强公众教育和行业自律，才能充分发挥生成式人工智能的优势，同时避免其可能带来的负面影响，实现技术与社会的和谐发展。

4.1.8　生成式人工智能与人类的协作共生

在当今科技飞速发展的时代，生成式人工智能正逐渐成为人类生活和工作中不可或缺的一部分，开启了人类与智能技术协作共生的全新篇章。

1. 工作方式的转变

人机协同创作正在成为一种日益流行且富有成效的工作模式。在文学创作领域，人类作家可以借助生成式人工智能的强大语言生成能力，获取灵感、拓展思路，甚至共同构思故事情节和角色设定。例如，当作家面临创作瓶颈时，人工智能可以根据给定的主题和关键元素，生成初步的文本段落，为作家提供新的视角和启发。同样，在艺术设计方面，设计师能够与人工智能合作，将人工智能生成的图形元素与自己的创意理念相结合，创造出更具创新性和独特性的作品。

智能辅助决策也在众多领域发挥着重要作用。在商业领域，企业管理者可以依靠生成式人工智能对大量市场数据的分析和预测，制定更为精准的战略规划和营销策略。在医疗领域，医生在面对复杂的病例时，可以参考人工智能生成的诊断建议和治疗方案，结合自己的临床经验和专业判断，为患者提供更优质的医疗服务。然而，需要明确的是，尽管人工智能能够提供有价值的信息和建议，但最终的决策责任仍然在于人类，人类的判断力、同理心和道德考量在决策过程中始终是不可或缺的。

2. 共同发展的前景

生成式人工智能与人类的协作共生有望极大地提高人类的生活质量。在娱乐领域，它可以为人们提供个性化的游戏体验、定制化的音乐和影视内容，丰富人们的精神文化生活。在教育方面，它能够根据每个学生的学习进度和特点，生成专属的学习资料和课程安排，实现因材施教，提高教育的有效性和公平性。

同时，这种协作共生还有助于推动社会的进步。在科学研究中，生成式人工智能可以协助科学家处理和分析海量的数据，加速科学发现的进程。在应对全球性挑战中，如气候变化、资源短缺和公共卫生危机，人类与生成式人工智能携手合作，可以制定更有效的解决方案，促进社会的可持续发展。

然而，要实现真正的协作共生，并非一帆风顺。人们需要解决技术发展带来的就业结构调整问题，通过教育培训帮助劳动者适应新的工作需求。同时，需要关注技术可能带来的数字鸿沟，确保每个人都能平等地受益于生成式人工智能带来的机遇。还需要加强网络协同，加快构建教育、技术、产业融合发展的良性生态。此外，持续的伦理和法律探讨也是必不可少的，以确保技术的发展和应用符合人类的共同利益和价值观。

总之，生成式人工智能与人类的协作共生既充满了无限的可能性，也面临着诸多的挑战。只有通过积极的探索、合理的规划和有效的治理，人们才能充分发挥两者的优势，共同迈向一个更加美好的未来。

4.1.9　生成式人工智能的未来趋势

生成式人工智能的未来趋势

生成式人工智能正处在一个快速发展和变革的阶段，未来有望呈现出以下令人振奋的趋势。

1. 技术演进

在模型架构方面，未来将见证更具创新性和高效性的架构出现。研究人员可能会开发出融合多种先进技术的复合模型，以提升生成内容的质量和多样性。例如，结合深度学习和强化学习的优势，或将生成对抗网络与其他生成模型进行深度融合，以创造出更具表现力和适应性的生成能力。

训练方法的优化将持续推进。随着人工智能领域对优化算法的深入研究，更智能、更高效的训练策略将不断涌现。这可能包括自适应的学习效率调整、更精准的参数初始化技术，以及基于模型结构和数据特点的定制化训练流程。同时，多模态数据的融合训练将成为主流，使得模型能够同时处理和生成多种类型的数据，如文本、图像、音频和视频的无缝结合，为用户提供更加丰富和沉浸式的体验。

2. 行业影响

（1）教育领域。生成式人工智能将彻底改变教学方式和学习体验。个性化的学习路径将根据每个学生的特点和需求自动生成，智能化的辅导系统能够实时解答问题、提供反馈和建议。虚拟现实和增强现实技术与生成式人工智能的结合，将为学生创造出高度沉浸式的学习环境，让知识的获取更加生动有趣。

（2）医疗行业。生成式人工智能能够辅助医生进行疾病诊断，通过分析大量的医疗影像和病例数据，生成准确的诊断报告和治疗方案建议。在药物研发方面，它可以模拟药物分子的结构和反应，加速新药的研发进程，为攻克疑难病症提供新的希望。

（3）金融领域。生成式人工智能能够实时分析市场数据和经济趋势，生成个性化的投资建议和风险预警。同时，在欺诈检测和防范方面，它能够迅速识别异常交易模式和潜在的欺诈行为，保障金融系统的安全稳定。

3. 社会变革

（1）就业结构。一些重复性、规律性强的工作可能会被生成式人工智能所取代，但同时也将催生出一系列新的职业和岗位。例如，人工智能训练师、伦理审查员、数据标注师等新兴职业将逐渐兴起。这需要劳动者不断提升自身的技能和素质，以适应新的就业市场需求。

（2）文化和艺术领域。生成式人工智能将激发更多的创新和多元表达。艺术家和创作者将与生成式人工智能展开深度合作，共同创作出前所未有的艺术作品。这不仅会拓展艺术的边界，还可能引发对艺术本质和创作过程的重新思考，推动文化的繁荣和发展。

（3）社会治理。生成式人工智能可以协助政府部门更有效地进行资源分配、城市规划和公共服务优化。通过对大量数据的分析和模拟，它可以制定出更加科学合理的政策和决策，提升社会运行的效率和公平性。

总之，生成式人工智能的未来充满了无限的可能性和潜力。它将在就业、艺术和社会层面引发深刻的变革，为人类创造更美好的生活和更高效的发展模式。然而，在拥抱这些变化的同时人们也需要谨慎应对可能的挑战，确保其发展符合人类的价值观和利益。

4.2　文心一言

AIGC 应用网站

文心一言（ERNIE Bot）是百度全新一代知识增强大语言模型，也是文心大模型家族的新成员，能够与人对话互动、回答问题、协助创作，高效便捷地帮助人们获取信息、知识和灵感。文心一言从数万亿数据和数千亿知识中融合学习，得到预训练大模型，在此基础上采用有监督精调、人类反馈强化学习、提示等技术，具备知识增强、检索增强和对话增强的技术优势。

2023 年 8 月 31 日，文心一言向社会公众全面开放。2024 年 6 月 28 日，文心一言正式发布文心大模型 4.0 Turbo，并累计用户规模已达 3 亿，日调用次数也达到了 5 亿。

文心一言具有在文学创作、商业文案创作、数理推算、中文理解、多模态生成等 5 个使用场景中的综合能力，能够满足用户在工作、学习、生活中的各类需求。文心一言上线了一言百宝箱、新手引导、问题推荐、指令润色、智能配图、回答复制、回答分享、历史对话管理等功能，帮助用户更便捷、深入地使用大语言模型。此外，文心一言官网还推出了智能体广场（表 4-1）：如农民院士智能体、阅读助手、说图解画 Plus、一镜流影等，进一步拓展了大语言模型的能力边界，更广泛地满足用户需要。

文心一言主要功能介绍如下。

（1）一言百宝箱。用户可在一言百宝箱中搜索、浏览不同职业和场景的优质指令词，学习指令撰写技巧，使用符合自身需求的指令；用户还可以查看当日热门指令，收藏高频使用的指令。

（2）问题推荐。用户可以在文心一言官网首页点击问题推荐模块，快速了解模型的能力；此外，文心一言会根据用户的问题，自动生成推荐问题，帮助用户进一步发掘和满足需求。

（3）对话管理。用户可以对文心一言的回答进行复制、分享，还可以对历史对话进行置顶、修改标题等操作；此外，文心一言也会自动摘要历史对话的标题，帮助用户快速定位往对话。

表 4-1　智能体广场功能

智能体	功能
农民院士智能体	农民院士朱有勇，解答关于旱地优质稻的各类问题
PPT 助手	百度文库 AI 助手，一键生成精美 PPT。它支持对生成的 PPT 进行 AI 二次编辑、手动编辑、格式转换及导出等多样化操作，能覆盖营销、教学、会议、知识总结、沟通讲解、开题报告、述职答辩等分享与汇报场景

智能体	功能
E 言易图	基于 Apache Echarts 提供数据洞察和图表制作，目前支持柱状图、折线图、饼图、雷达图、散点图、漏斗图、思维导图（树图）
阅读助手	原 ChatFile，可基于文档完成摘要、问答、创作等任务，仅支持 10MB 以内的文档，不支持扫描文件
AI 词云图生成器	词云图生成助手，可以根据用户的指令生成对应的词云图片
商业信息查询	爱企查提供商业信息检索能力，可用于查企业工商 / 上市等信息、查老板任职 / 投资情况
学术检索专家	百度学术提供的文献检索插件，收录 6.8 亿文献信息资源，覆盖国内外 120 万个学术站点，为用户提供全面的学术资源检索服务
百科同学	一个可以答疑所有历史问题的小能手，无论询问哪个历史时期、历史事件或历史人物，都会尽力提供精准回答及相应依据来源
加盟资讯顾问	提供加盟信息检索能力，可用于查询具体品牌的加盟流程、加盟费用、加盟条件等信息
说图解画 Plus	根据图片进行文案创作、知识问答、实景匹配、数据分析、代码撰写，暂支持 10MB 以内的图片
阅读助手 Plus	可基于文档内容完成知识问答、内容摘要、文案创作等任务。支持 Word/PDF/TXT/Excel/PPT 多种格式
仔细想想	在输入与输出环节增强文心一言的思考能力。输入环节引入慢思考机制，能够深入理解和分析用户需求，输出环节可自主拆解答案并进行精准校验，极大提升了回答的准确性和可靠性。当前只对文本创作和知识问答任务生效
智慧图问	根据图片进行文案创作、知识问答、实景匹配、数据分析、代码撰写，暂支持 10MB 以内的图片
一镜流影	AI 文字转视频，从主题词、语句、段落篇章等文字描述内容，一键创作生成视频，暂仅支持生成 30s 内的视频

4.2.1　准备知识

文心一言的注册登录过程相对简单，首先打开文心一言的官方网站。

1. 创建账号

（1）在官方网站页面上，单击"注册"按钮，弹出"百度实名认证"对话框，如图 4-13 所示。

（2）按要求填写真实姓名和身份证号，单击"请阅读并同意实名认证规则"按钮，单击"下一步"按钮。

（3）在弹出的"文心一言用户协议"页面（图 4-14），单击"接受协议"按钮。

注意：文心一言 App 与百度 App 共享账号，因此也可以直接通过注册百度账号来登录文心一言。

（4）手机用户则填写手机号码，单击"获取验证码"按钮。

（5）接收并输入验证码后，单击"立即注册"按钮。

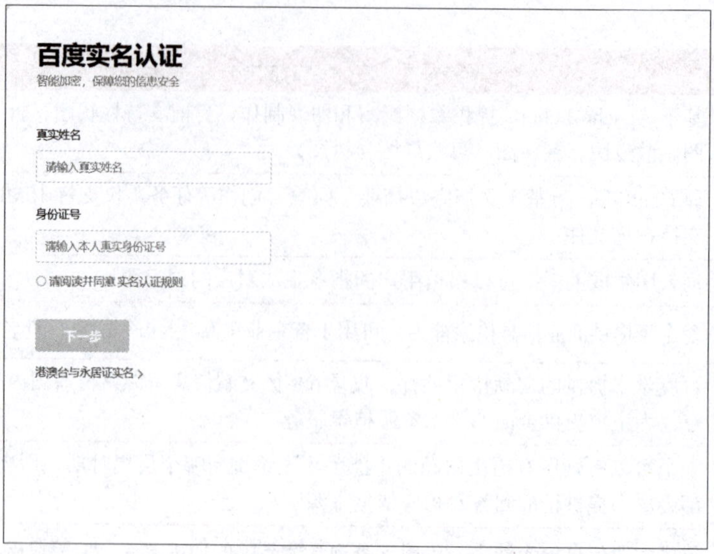

图 4-13　"百度实名认证"对话框

图 4-14　"文心一言用户协议"页面

2. 绑定微信

注册完成后，可以选择绑定微信账号。单击"微信绑定"按钮，根据提示扫描二维码完成绑定。绑定微信后，可以使用微信账号作为登录方式。

3. 设置密码

如果希望设置独立的账号密码，可以在绑定微信后，在官方网站上单击"设置密码"按钮，输入微信账号并设置一个新密码。

4. 登录

（1）使用电脑或手机浏览器打开文心一言的官方网站，或使用文心一言 App。

（2）输入手机号码、微信账号、百度账号或其他已绑定的登录方式。如果设置了独立密码，则需要输入密码；如果使用微信登录，则可能需要扫描二维码或使用微信授权登录。

（3）单击"登录"按钮，登录成功后，显示如图 4-15 所示页面。

图 4-15　文心一言的登录页面

（4）单击"开始体验"按钮，进入如图 4-16 所示页面。

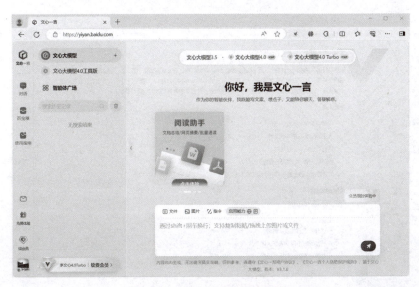

图 4-16　文心一言的使用界面

（5）选择单击左侧栏目的"对话"按钮，就可以开始使用文心一言进行创作、对话或其他交互活动了。

4.2.2　撰写会议通知

在电脑端让文心一言撰写一份会议通知。内容包括会议信息（可自拟会议主题、时间、地点）、参会人员、议程安排等关键信息。同时让文心一言合理安排通知的发布时间和方式，确保参会人员能够及时收到通知并做好准备。

在对话框内输入上述任务的要求，生成结果如图 4-17 至图 4-20 所示。

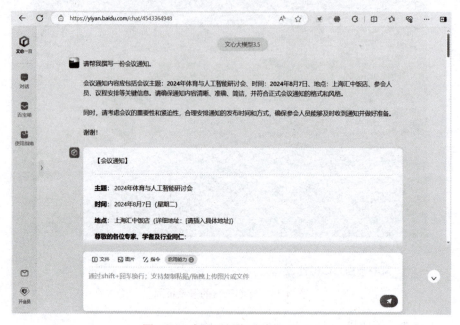

图 4-17　会议通知生成结果（一）

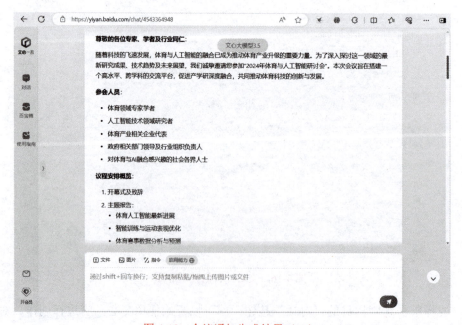

图 4-18　会议通知生成结果（二）

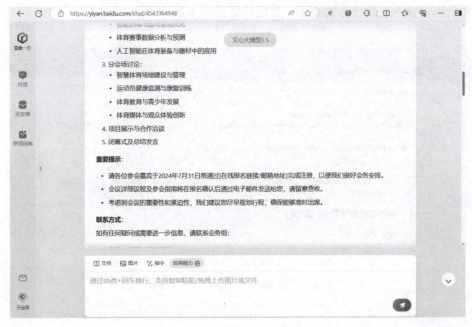

图 4-19　会议通知生成结果（三）

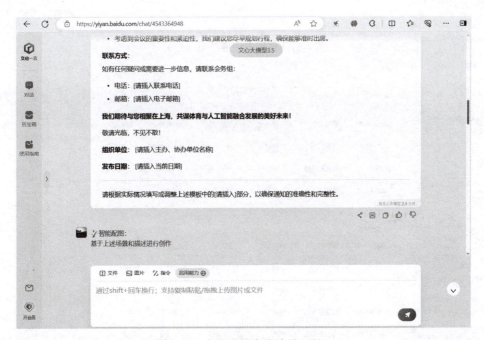

图 4-20　会议通知生成结果（四）

4.2.3　制作课程表

在电脑端，让文心一言生成一份课程表。要求包含课程名称、课程类型、上课时间、上课地点、授课教师等基本信息。课程表应包含课程之间的衔接和冲突问题，以便学生合理安排时间。

在对话框内输入上述任务的要求，生成结果如图 4-21 至图 4-24 所示。

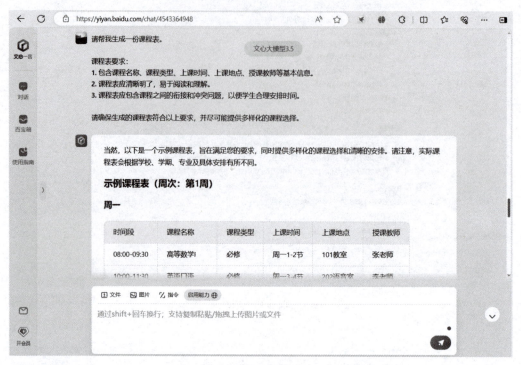

图 4-21　课程表生成结果（一）

图 4-22　课程表生成结果（二）

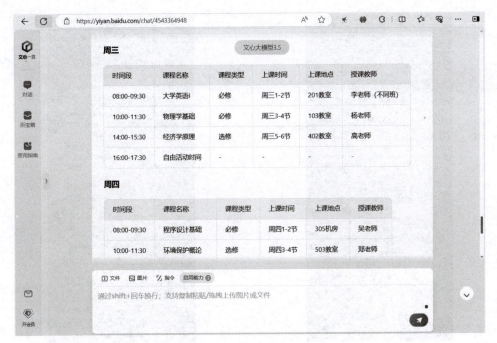

图 4-23　课程表生成结果（三）

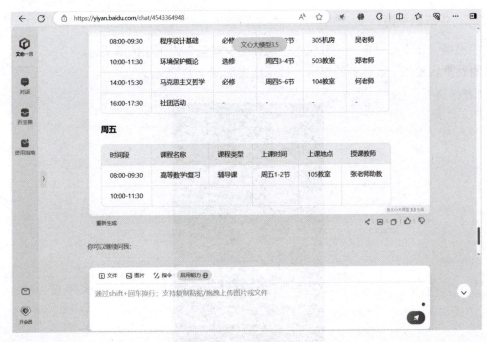

图 4-24　课程表生成结果（四）

4.2.4　写散文

在手机端，让文心一言写一篇描写气清景明、春光明媚、有关春天风景的散文。

在对话框内输入上述任务的要求，生成结果如图 4-25 和图 4-26 所示。

图 4-25　散文生成结果（一）

图 4-26　散文生成结果（二）

4.2.5　生成藏头诗

在手机端，让文心一言写一首包含"愿你七夕欢乐"六个字的藏头诗。

在对话框内输入上述任务的要求，显示结果如图 4-27 所示。

图 4-27　生成藏头诗结果

4.3　文 心 一 格

2022 年 8 月 19 日，百度正式发布 AI 艺术和创意辅助平台——文心一格。文心一格是百度依托飞桨、文心大模型的技术创新，推出的 AI 艺术和创意辅助平台。文心一格的定位为面向有设计需求和创意的人群，基于文心大模型智能生成多样化 AI 创意图片、辅助创意设计、打破创意瓶颈。

文心一格的主要特色如下。

（1）一语成画，智能生成。用户在体验文心一格时只需要输入一句话，AI 就能够自动生成创意画作。用户输入简单的描述，文心一格就能自动从视觉、质感、风格、构图等角度智能补充，从而生成更加精美图片。

（2）东方元素，中文原生。文心一格是全自研的原生中文文生图系统，凭借在中文、中国文化理解和生成上的优势，文心一格及其背后的文心大模型在数据采集、输入理解、风格设计等多个层面持续探索，形成了具备理解中文能力的技术优势，对中文用户的语义理解深入到位，适合中文环境下的使用。

（3）多种功能，满足体验。如果生成一张图片之后不满意，文心一格有很多功能可以帮助用户进行二次编辑：一是涂抹功能，用户可以涂抹不满意的部分，让文心一格重新调整生成；二是图片叠加功能，用户给出两张图片，文心一格会自动生成一张叠加后的创意图。文心一格还支持用户输入图片的可控生成，即根据图片的动作或者线稿等生成新图片，让图片生成的结果更可控。文心一格还在持续进行模型升级，不断丰富产品功能，已推出了海报创作、图片扩展和提升图片清晰度等功能，提供多种生图服务满足用户需求。

4.3.1　准备知识

1.　访问官方网站
在浏览器中打开文心一格的官方网站。

2.　选择登录方式
在官方网站首页右上角，找到并单击"登录"按钮。

根据实际情况，选择适合的登录方式。通常，文心一格会提供多种登录方式，如邮箱登录、手机号登录、第三方账号登录（如百度账号、微信、QQ 等）。

3.　输入账号信息
如果选择的是邮箱或手机号登录，需要输入注册时填写的邮箱地址或手机号码，并输入密码。

如果选择的是第三方账号登录，如百度账号，可能需要先登录百度账号，然后再通过百度账号授权登录文心一格。

4.　完成验证
在某些情况下，为了账号安全，文心一格可能会要求进行额外的验证，如输入验证码、进行人脸识别等，请按照页面提示完成验证。

5. 登录成功

完成上述步骤后，就可以成功登录文心一格，此时将显示如图 4-28 所示的页面，可以开始使用文心一格的各项功能，如创作、浏览作品、参与社区互动等。

图 4-28　文心一格界面

4.3.2　生成人物头像

让文心一格生成一组四幅以古典东方美人为主题的头像。其包含荷花元素，画面风格：简约卡通。

在对话框内输入上述任务的要求，生成结果如图 4-29 所示。

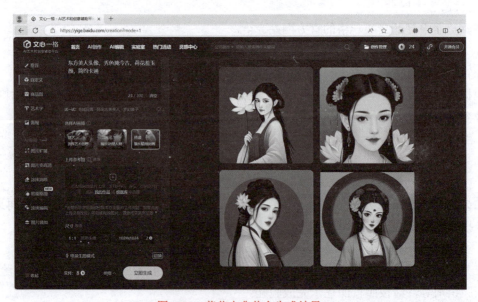

图 4-29　荷花古典美人生成结果

4.3.3　生成水墨画

让文心一格生成一组四幅以岭南荔枝为主题的水墨画，画面风格：有晕染效果、背景做旧、绢本质感。

在对话框内输入上述任务的要求，生成结果如图 4-30 所示。

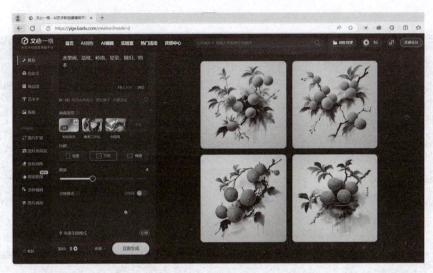

图 4-30　水墨荔枝生成结果

4.3.4　生成国潮画

让文心一格生成一组四幅以喜鹊、梅花为主题的极简国潮山水矢量图。画面风格：粉色背景、画面扁平、衍纸纹样图案。

在对话框内输入上述任务的要求，生成结果如图 4-31 所示。

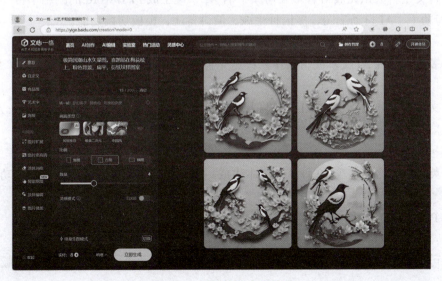

图 4-31　鹊桥梅花生成结果

4.3.5　生成海报

让文心一格生成一组四幅以"洒金河流，远山如画，诗意的美"为主题的海报。排版布局：横版 16:9，左侧布局。海报风格：平面插画。海报背景：浅色淡雅、云雾茫茫的远山。

在对话框内输入上述任务的要求，生成结果如图 4-32 所示。

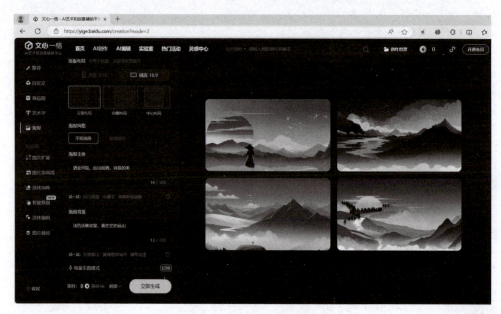

图 4-32　海报生成结果

实施应用

4.4　讯飞智文

讯飞智文是科大讯飞股份有限公司旗下的 AI 一键生成 PPT/Word 的网站平台，主要功能有 AI 撰写助手、AI 自动配图、多语种生成、演讲备注、模板切换功能。

1. AI 撰写助手

支持多达十几种 AI 文本编辑操作，快速完善生成后的内容，提升改写效率。

2. AI 自动配图

根据文本内容，自动生成 AI 文生图提示词，只需要一次单击，即可生成多张 AI 图片供选择。

3. 多语种生成

支持英、俄、日、韩等 10 种外语文本生成，多语种文本互译，无缝衔接翻译功能。

4. 演讲备注

基于 PPT 内容自动生成。

5. 模板切换

随时可切换的内容排版及模板配色，文档内容排版更灵活、更多样，省去模版图示优化时间。

4.4.1　准备知识

1. 访问官网

在浏览器中输打开讯飞智文的官方网站。初次打开会显示如图 4-33 所示页面。

图 4-33　讯飞智文的初始页面

2. 单击注册

在讯飞智文的官网首页，用户会看到"免费使用"的按钮。单击后，页面通常会引导用户进行注册操作，如图 4-34 所示。

图 4-34　讯飞智文的注册页面

3. 选择注册

对于新用户，需要选择"注册"选项。通常，"注册"选项会清晰地展示在页面上，方便用户进行下一步操作。

4. 填写信息

注册过程中，用户需要按照提示填写必要的信息，这包括但不限于用户名、密码、电子邮件等信息。这些信息用于创建用户的个人账户，并且保障账户的安全。

5. 验证身份

为了确保信息的真实性和安全性，讯飞智文可能会要求用户进行手机或邮件验证。用户输入手机号码或邮箱地址后，会收到一条包含验证码的短信或邮件，需要将验证码正确输入到注册页面中。

6. 完成注册

用户成功输入验证码后，就完成了注册流程。此时，用户已经拥有了讯飞智文的账户，可以使用该账户登录并开始享受服务了。

7. 登录账户

对于已经注册的用户，可以直接使用注册时的用户名和密码登录。登录后，用户可以方便快捷地使用讯飞智文提供的各种服务，如图 4-35 所示。

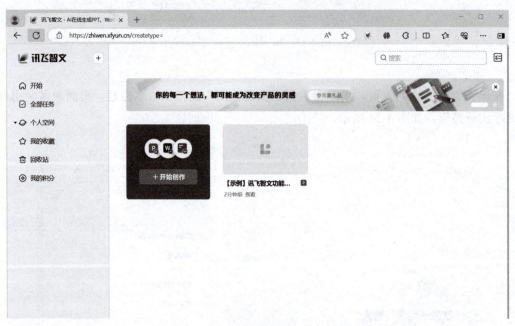

图 4-35　讯飞智文的使用页面

单击蓝色区域"开始创作"按钮，弹出"快速开始"对话框，如图 4-36 所示。

选择并单击想要的创建方式，就可以进行相应的创作了，如选择 PPT 主题创建，界面如图 4-37 所示。

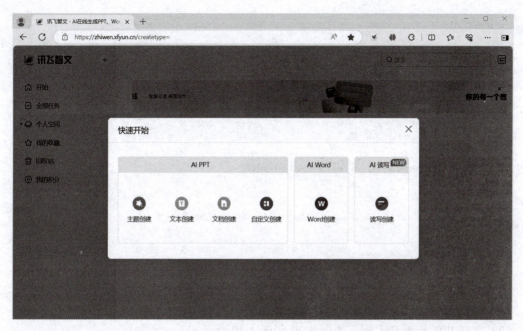

图 4-36　讯飞智文的应用页面

图 4-37　讯飞智文的 PPT 主题创建

4.4.2　制作个人简历 PPT

让讯飞智文创建一份有关人工智能专业学生的个人简历 PPT。

（1）在对话框内输入上述任务的要求，如图 4-38 所示。

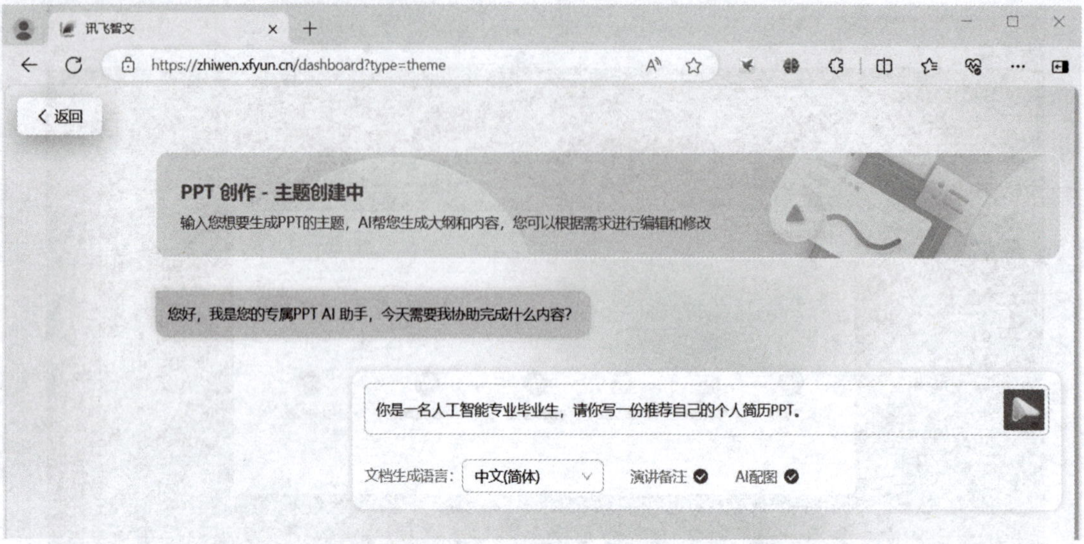

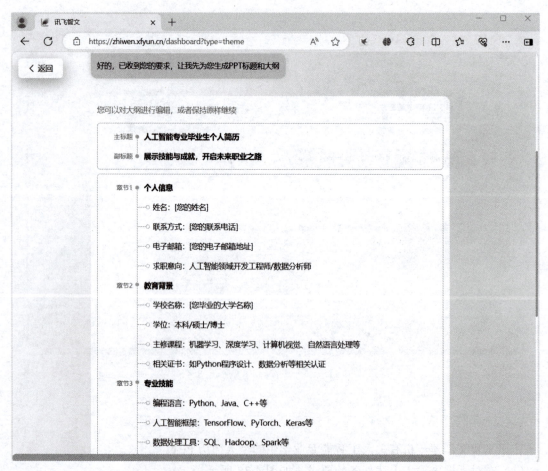

图 4-38　输入个人简历 PPT 任务要求

（2）生成 PPT 标题和大纲，如图 4-39 和图 4-40 所示。

图 4-39　个人简历 PPT 标题和大纲生成结果（一）

图 4-40 个人简历 PPT 标题和大纲生成结果（二）

（3）单击"下一步"按钮，选择想要的模板配色，如图 4-41 所示。

图 4-41 选择个人简历 PPT 模板配色

（4）选择生成的 PPT 和演讲稿，下载到本地，如图 4-42 所示。

（5）生成的 PPT 文件效果如图 4-43 至图 4-45 所示。

图 4-42　将 PPT 和演讲稿下载到本地

图 4-43　生成的个人简历 PPT 文件结果（一）

图 4-44　生成的个人简历 PPT 文件结果（二）

图 4-45　生成的个人简历 PPT 文件结果（三）

4.4.3　制作博物馆日主题 PPT

让讯飞智文创建一份有关"2024 年世界博物馆日的主题：博物馆致力于教育和研究"的 PPT。

（1）在对话框内输入上述任务的要求，如图 4-46 所示。

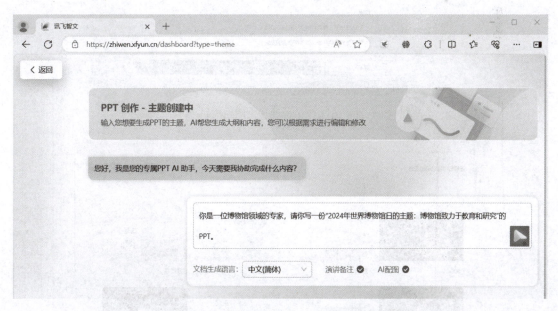

图 4-46　输入博物馆日 PPT 任务要求

（2）生成 PPT 标题和大纲，如图 4-47 和图 4-48 所示。

（3）单击"下一步"按钮，选择想要的模板配色，如图 4-49 所示。

图 4-47　博物馆日 PPT 标题和大纲生成结果（一）

图 4-48　博物馆日 PPT 标题和大纲生成结果（二）

图 4-49　选择博物馆日 PPT 模板配色

（4）选择生成的 PPT 和演讲稿，下载到本地，如图 4-50 所示。

图 4-50　将 PPT 和演讲稿下载到本地

（5）生成的 PPT 文件效果如图 4-51 和图 4-52 所示。

图 4-51　生成的博物馆日 PPT 文件效果（一）

图 4-52　生成的博物馆日 PPT 文件效果（二）

思考与探索

一、选择题

1. 下列选项中，（　　）不是 AIGC 的应用领域。

　　A．文本生成　　　　　　　　　　B．图像识别

　　C．音乐创作　　　　　　　　　　D．视频生成

2. AIGC 技术的核心原理通常基于（　　）。

　　A．机器学习　　　　　　　　　　B．深度学习

　　C．强化学习　　　　　　　　　　D．以上都是

3. 下列选项中，（　　）模型不属于常见的 AIGC 模型。

　　A．GPT-4　　　　　　　　　　　B．BERT

　　C．ResNet　　　　　　　　　　　D．StableDiffusion

4. AIGC 生成的内容可能存在的问题不包括（　　）。

　　A．缺乏创新性　　　　　　　　　B．存在偏差

　　C．版权争议　　　　　　　　　　D．准确性不足

5. 下列关于 AIGC 的说法，错误的是（　　）。

　　A．能够提高内容创作效率　　　　B．完全可以替代人类创作者

　　C．可以为创意提供灵感　　　　　D．仍需要人类的监督和指导

6. AIGC 技术在（　　）方面具有优势。

　　A．快速生成大量内容　　　　　　B．提供独特的创意视角

　　C．精准的数据分析　　　　　　　D．降低创作成本

7. 下列选项中，（　　）是 AIGC 面临的挑战。

    A．伦理道德问题   B．技术复杂性

    C．数据隐私保护   D．对传统行业的冲击

8. AIGC 在（　　）行业得到应用。

    A．新闻媒体   B．广告营销

    C．教育   D．医疗

9. 为了提高 AIGC 生成内容的质量，可以采取（　　）措施。

    A．增加训练数据的多样性   B．优化模型架构

    C．引入人工审核   D．加强对模型的监管

10. 下列选项中，（　　）因素会影响 AIGC 的性能。

    A．计算资源   B．数据质量

    C．模型规模   D．训练时间

二、简答题

1. 请简述 AIGC 对未来社会可能产生的影响，并举例说明。

2. 分析 AIGC 在教育领域的应用前景以及可能面临的问题。

第 5 章　人工智能编程语言

5.1　Python 编程环境

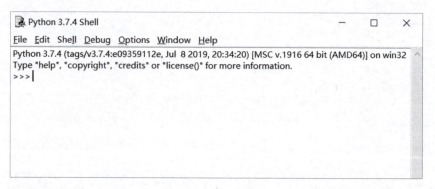
Python 开发环境

Python 编程语言是一种弱类型脚本语言，具有跨平台、可移植、可扩展、交互式、解释型、面向对象等特点，提供了非常完善的基础库。通常情况下，Python 程序的运行速度不像其他编程语言那样迅速；但是，这也带来了很多好处，例如可以快速和敏捷开发。Python 被广泛应用于科学计算、数据分析、自动化运维、云计算、人工智能、Web 开发、软件开发、后端开发等领域。

5.1.1　使用 IDLE 探索 Python 3

Python 针对 Windows、MacOS 和 Linux 操作系统都有相应的安装程序，选择下载安装最新版本的 Python 3（本教材编写时，为 Python 3.7.4）。IDLE 是和 Python 打包在一起的集成开发环境（Integrated Development Environment，IDE），随 Python 一起安装。

1. 解释器窗口和程序窗口

在 Windows 中，单击"开始"菜单，从 Python 3.7 文件夹中选择 IDLE（Python 3.7 64-bit），启动 IDLE 程序，打开窗口如图 5-1 所示。这是 IDLE 的主窗口，也被称为解释器窗口。它允许用户直接输入 Python 语句，Python 会马上执行输入的语句并且将结果输出在窗口中。

图 5-1　IDLE 的主窗口

在解释器窗口中，>>> 符号被称为 Python 提示符。Python 输出该符号表明它已经为执行语句做好了准备。

学习一种新的编程语言时，编写运行的第一个程序通常都是"Hello, world!"，这已经成为了一种传统。现在，在提示符后面输入 print("Hello,world!")，并按下 Enter 键之后，Python 会立即输出结果，如图 5-2 所示。

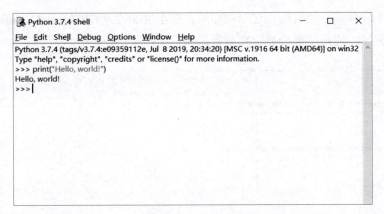

图 5-2　输出"Hello,world!"

　　如果关闭 IDLE 并重新打开，之前输入的语句则被清空。要想使计算机记住输入的语句，而不必每次重新输入，则需要创建一个源程序文件，将这些语句保存在其中。当再次运行这些语句的时候，就可以直接打开源程序文件并在 Python 上执行。

　　单击解释器窗口 File 菜单中的 New File 命令，打开一个新窗口，如图 5-3 所示。这个窗口没有任何显示，在输入程序时，Python 不会立即输出结果，只会安静地等待输入完所有的语句。这个窗口称为程序窗口，以区别于解释器窗口。

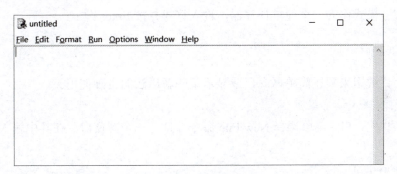

图 5-3　程序窗口

　　在程序窗口输入（或复制 / 粘贴）源代码，如图 5-4 所示。需要注意的是这里没有 >>> 提示符，因为该提示符并不是程序的组成部分。输入程序后，通过单击 File 菜单中的 Save 命令保存文件，系统将询问文件保存在哪里。选择目标文件夹，并输入要保存的文件名 hello.py。

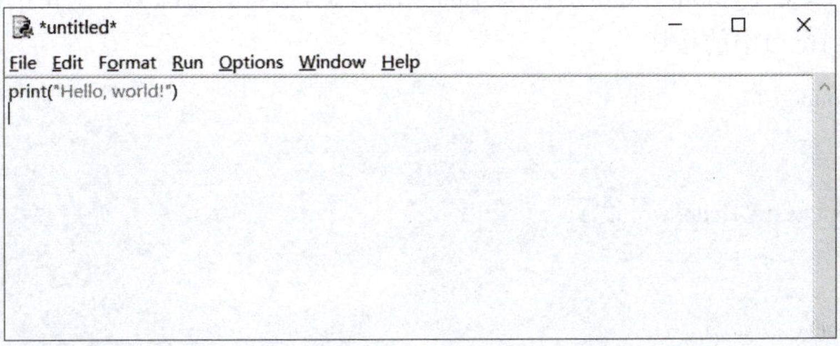

图 5-4　编写程序

保存了这个程序后，如何运行这个程序呢？单击 Run 菜单中的 Run Module 命令，Python 开始运行这个程序，输出结果会显示在解释器窗口中，如图 5-5 所示。

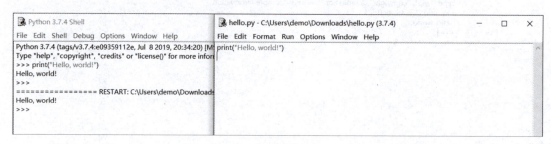

图 5-5　程序输出

假设以后还要运行这些语句，关闭所有窗口，重新运行 IDLE 工具，在解释器窗口的 File 菜单中找到 Open 命令，从保存文件的目录选择要打开的文件（hello.py）。

同上述一样，重新打开的程序窗口。所不同的是，这个程序窗口有上次保存的程序，可以继续编辑、保存以及执行程序代码。

2. 使用交互模式编写程序

在 IDLE 的解释器窗口中，在 >>> 提示符后输入代码，并按 Enter 键，即可输出结果。图 5-2 所示即运行了第一个交互模式程序。此代码告诉计算机打印文本"Hello, world!"到屏幕上。还可以使用交互模式作为一个简单计算器，输入算式并按 Enter 键：

```
>>> 3*4
12
```

交互式会话被用来阐述简单概念，或显示某些新语法的正确使用。

3. 使用脚本模式编写程序

在 IDLE 中，从 File 菜单选择 New File 命令，打开一个新窗口，在其中输入代码并保存。

```
#hello.py
print('Hello world!')
```

从 Run 菜单中选择 Run Module 命令或按下 F5 键运行此程序。

4. 图形用户界面应用程序

使用 Python 并不限于编写基于文本的应用程序，还可以创建按钮、文本框和单选框等空间的图形用户界面（Graphical User Interface，GUI）应用程序。通过导入 tkinter 模块（一个 GUI 工具包，在安装 Python 时，作为标准库的一部分提供），生成视觉更丰富的图形用户界面，并将算法绑定到窗口中的按钮。

```
from tkinter import *

root = Tk()
w = Label(root, text="Hello, world!")
w.pack()

root.mainloop()
```

运行上述程序，将弹出如图 5-6 所示的窗口。

图 5-6　程序执行结果

5.1.2　使用 Jupyter 探索 Python3

在 Windows、Linux 和 MacOS 操作系统中，还可以安装 Jupyter Notebook。安装完成后，在终端输入 Jupyter Notebook，启动 Jupyter Notebook，如图 5-7 所示。

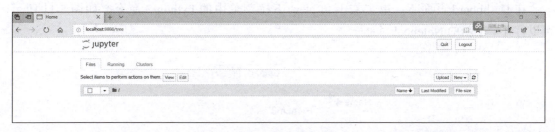

图 5-7　从终端启动 Jupyter Notebook

Jupyter Notebook 是数据科学工作者喜爱的一个工具。通过它不需要进入到后台，即可完成包括编写、运行源代码以及文件浏览和内容展示在内的几乎所有工作，如图 5-8 所示。

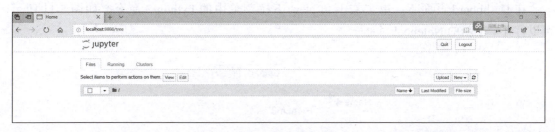

图 5-8　Jupyter Notebook 页面

1. Dashboard 页面和 Notebook 页面

Jupyter Notebook 有两个页面：Dashboard 和 Notebook。Dashboard 页面（图 5-9）可以查看当前工作文件夹下面的所有文件。Notebook 页面（图 5-10）可以进行代码编程以及页面展示等操作。

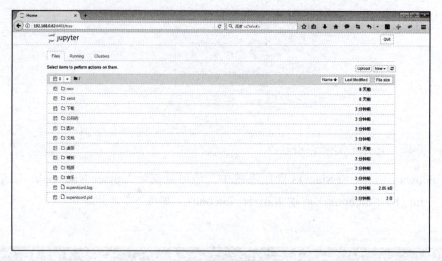

图 5-9　Dashboard 页面

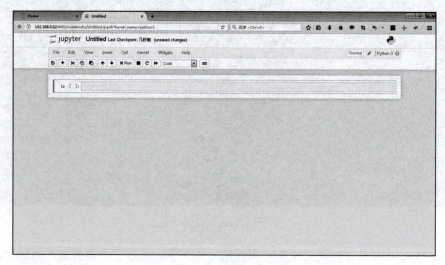

图 5-10　Notebook 页面

在 Dashboard 页面下，单击右上角 New 下拉菜单中的 Python 3 命令，如图 5-11 所示，可以打开一个新的 Notebook 页面。

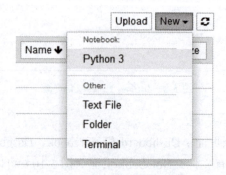

图 5-11　New 下拉菜单

在 Notebook 页面下，单击左上角的 Jupyter 可以回到 Dashboard 页面。

2.　上传文件和下载文件

要上传文件到 Jupyter Notebook 环境中，可以在 Dashboard 页面中，单击右上角的 Upload 按钮，打开一个"文件上传"对话框，选择本地要上传的文件，如图 5-12 所示。

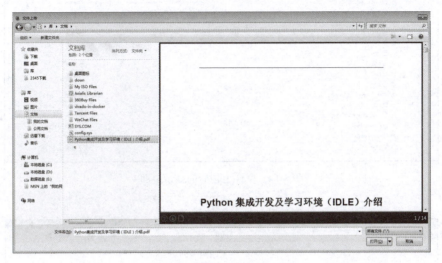

图 5-12　选择要上传的文件

单击"打开"按钮，该文件出现在待上传文件列表中，可以一次选择多个文件，或多次选择文件，如图 5-13 所示。

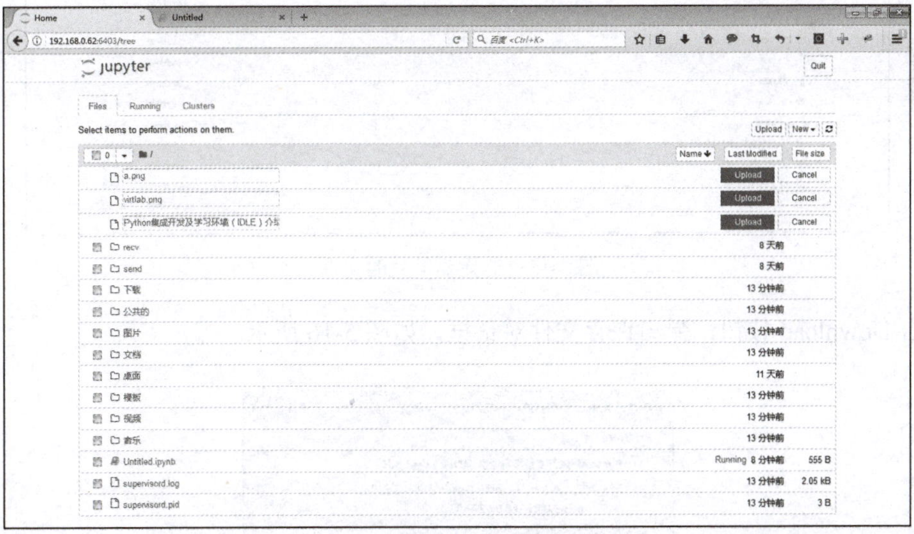

图 5-13　上传文件列表

在上述页面中，单击 Upload 按钮执行对应文件的上传，或取消对应文件的上传。上传完成后，文件出现在 Dashboard 页面当前文件夹的文件列表中，如图 5-14 所示。

要从 Jupyter Notebook 下载文件，可以在 Dashboard 页面中，勾选要下载的文件，如图 5-15 所示。

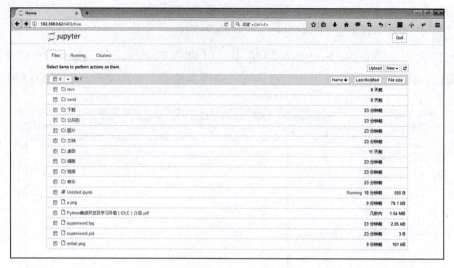

图 5-14　文件上传后的显示页面

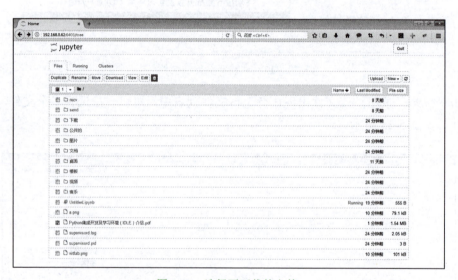

图 5-15　选择要下载的文件

单击 Download 按钮，弹出保存文件对话框，如图 5-16 所示。

图 5-16　保存文件对话框

选择保存文件的位置，单击"确定"按钮即可完成下载。

5.1.3　使用 Anaconda 探索 Python3

Anaconda 是一个开源的 Python 发行版本，它不仅包含了 Python 解释器本身，还预装了大量的与科学计算相关的库和工具，这些库和工具总数超过 180 个。Anaconda 具有包管理和环境管理的功能，大大简化了开发者的工作流程。开发者可以使用包管理功能方便地安装、更新和卸载工具包，而且在安装工具包时能自动安装相应的依赖包。在多个项目要求不同开发环境的应用场景下，开发者还可以使用 Anaconda 创建不同的虚拟环境隔离各个项目所需要的开发环境。同时，Anaconda 还附带捆绑了 IDLE、Spyder 和 Jupyter Notebook 等优秀的交互式代码编辑软件。

1. 安装及配置过程

Anaconda 可用于多个操作系统（Windows、MacOS 和 Linux）。使用浏览器访问 Anaconda 官网，选择需要下载的版本。双击运行安装程序，显示如图 5-17 所示的安装窗口，单击 Next 按钮，进入如图 5-18 所示的用户协议窗口。

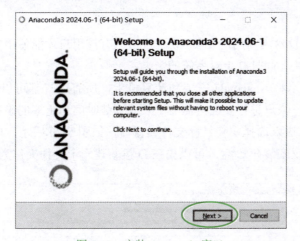

图 5-17　安装 Anaconda 窗口

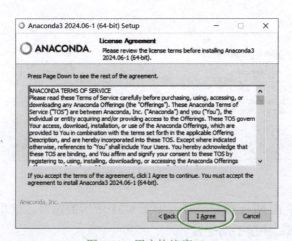

图 5-18　用户协议窗口

在用户协议窗口中单击"I Agree"，出现如图 5-19 所示的用户范围选择窗口，此处可以选择用户范围。

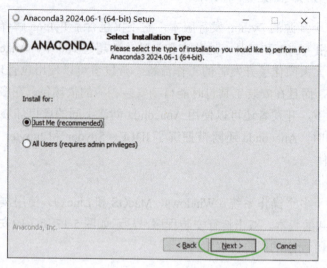

图 5-19　选择用户范围

Just Me 选项表示仅对当前用户安装 Anaconda，只有该用户才能使用安装的软件和工具集。这可以使安装过程更快，同时减少对系统的影响。

All Users 选项表示将 Anaconda 安装到计算机上，所有用户都可以使用。这意味着软件和工具集将对每个用户帐户进行安装，需要更长的安装时间和更多的磁盘空间。

单击 Next 按钮，进入选择安装目标文件夹窗口，如图 5-20 所示。由于 Anaconda 所占磁盘空间较大，故不建议安装在 C 盘，可以先在 D 盘新建一个文件夹作为安装目录。

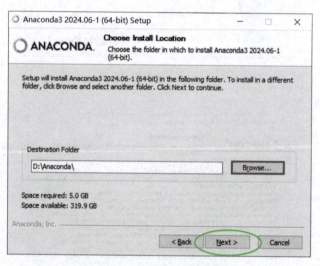

图 5-20　指定安装目标文件夹

选定文件夹后，单击 Next 按钮，进入如图 5-21 所示的窗口，这里建议复选配置环境变量选项，否则安装完成后还需手动配置。

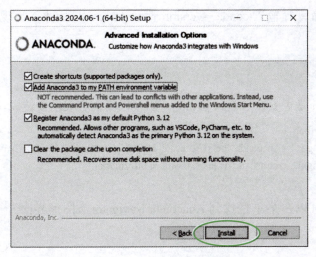

图 5-21　选择配置环境变量

单击 Install 按钮，开始安装，如图 5-22 所示。安装过程和电脑环境有关，可能比较长，耐心等待直到最后单击 Finish 按钮。

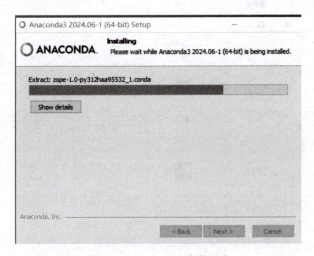

图 5-22　Anaconda 安装进度

安装完成后，如何判断已经安装成功了？

（1）同时按下 win+R 快捷键打开"运行"窗口，输入 cmd，如图 5-23 所示。

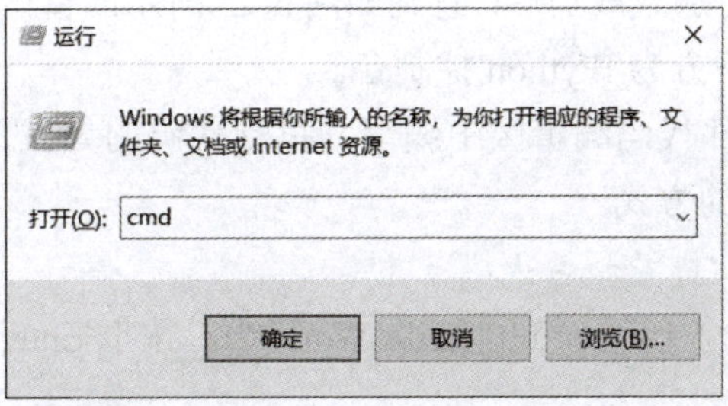

图 5-23　"运行"窗口

（2）在弹出的命令行输入 conda --version 查看 Anaconda 版本，出现版本信息表示安装成功。

```
C: Users\16470>conda --version
conda 24.5.0
```

（3）检查 Python 是否安装：输入 python，出现以下内容表示安装成功。

```
C: \Users\16470>python
Python 3.12.4 | packaged by Anaconda, Inc. | (main, Jun 18 2024, 15:03:56) [MSC v.1929 64 bit (AMD64)] on win32
Type "help", "copyrignt", credits" or "license" for more information.
>>>
```

安装成功后，可以在菜单栏找到 Anaconda Navigator（图形界面），打开后的界面，如图 5-24 所示。

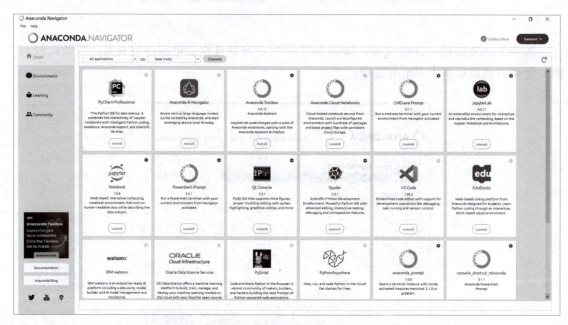

图 5-24　Anaconda Navigator 界面

在界面中找到编辑器 Spyder，它是一个强大的交互式 Python 语言开发环境，提供高级的代码编辑、交互测试、调试等功能，支持 Windows、Linux 和 MacOs 操作系统。Anaconda 已经集成了 Spyder 编辑器，且 Spyder 的包和库与 Anaconda 是同步的。

单击打开 Spyder，等待加载成功后，看到如图 5-25 所示的窗口，左侧是文件代码编辑区，右上方为辅助功能区，右下方为 IPython 控制台。

Spyder 既提供了在文件代码编辑区中编写并执行代码的方式，也提供了在 IPython 控制台中逐行执行 Python 代码的方式。

2. 在 IPython 控制台中逐行执行代码

在 IPython 控制台中输入代码 print("Hello World!")，按下 Enter 键，代码的执行结果，如图 5-26 所示。

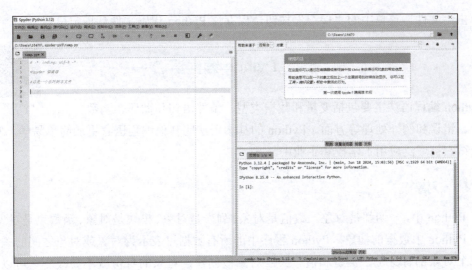

图 5-25　Spyder 窗口

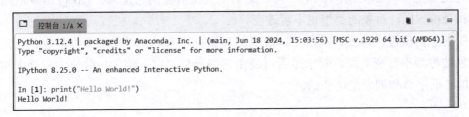

图 5-26　输入代码并执行

3．在文件代码编辑区中编程

在文件代码编辑区写入并执行代码，在代码编辑区输入代码 print("Hello Shanghai!")，单击工具栏中的程序运行图标，执行程序，并在右下方的 IPython 控制台中显示执行结果 "Hello Shanghai!"，如图 5-27 所示。

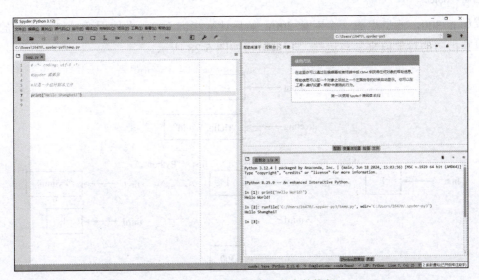

图 5-27　代码编辑区编写程序并执行

单击"文件"菜单中的"保存"按钮，保存该 Python 代码文件到指定位置。

5.2 Python 编程语法

Python 编程语法

Python 编程语法主要包括变量和数据类型、条件语句和循环、函数和模块、错误和例外处理等方面。Python 的基本语法比其他编程语言更加简单易学，它的简单性使得它被广泛应用于学校和企业中。

5.2.1 对象

在 Python 中，一切都是对象。数值是对象、列表是对象、模块是对象、函数也是对象、……对象是 Python 中数据的抽象。Python 程序中的所有数据可表示为对象或对象之间的关系。

每个对象都有身份、类型和值。一旦对象被创建，对象的身份就不会改变（可以将它理解为对象在内存中的地址）。is 操作符比较两个对象的身份。id() 函数返回表示其身份的整数。对象的类型决定了对象支持的操作，也定义了该类型对象的可能值。type() 函数返回对象的类型。和身份一样，对象的类型也不可改变。

某些对象的值可以改变。其值可以改变的对象被称为可变对象；一旦创建，其值不可改变的对象被称为不可变对象。对象是否可变由它的类型决定。例如，数值、字符串和元组是不可变的，而字典和列表是可变的。

5.2.2 变量

在 Python 中，变量可以理解为对象的引用，它的严格叫法应该是"名字"。要想创建一个变量，需要使用赋值操作符（=），让变量指向一个具体对象。一个变量，在一个时刻，只能指向一个对象。而一个对象，可以被多个变量所指向。变量赋值的语法：

```
name = data
name = object
```

例如 n=300，就是生成一个对象 300，然后让 n 指向 300。当使用变量进行运算的时候，就取出其指向的对象值来参与运算。变量赋值如图 5-28 所示。

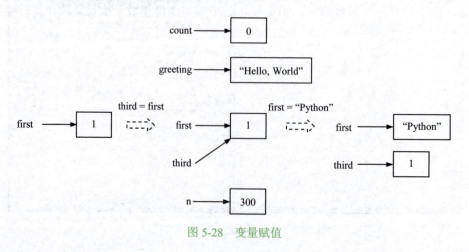

图 5-28　变量赋值

如果暂时还不想为变量赋值，可以使用 Python 中的占位对象（placeholder object）None。例如 a=None。

Python 是弱类型语言，也就是说不需要预先声明变量类型，变量的类型和值在赋值那一刻被初始化。

下面通过一些例子（图 5-29）来理解变量赋值：

```
n = 300
m = 300
print(id(n))
print(id(m))
```

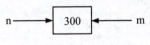

图 5-29　变量赋值例子

接下来，为变量 n 重新赋值（图 5-30），也可以修改变量，将它指向另一种类型的对象。因为这个原因，Python 也被称为动态类型语言。

```
n = 'foo'
print(id(n))
```

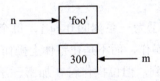

图 5-30　重新赋值 n

在 Python 中，变量名可以是任何长度，由大写字母（A～Z）、小写字母（a～z）、数字（0～9）和下划线（_）组成，并且不能以数字开头。此外，也不能使用 Python 关键字作为变量名。

5.2.3　操作符

Python 操作符是一个特殊符号，指定要在一个或多个操作数上执行某种计算。操作数是执行计算的对象或值。一系列操作数和操作符组织在一起，最终计算出一个结果，被称为表达式（图 5-31），例如 3+7*5。

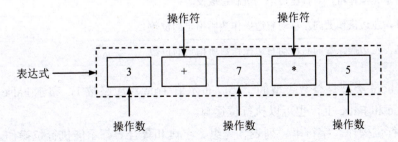

图 5-31　表达式

Python 语言支持以下类型的操作符：算术操作符、位操作符、赋值操作符、逻辑操作符、比较（关系）操作符、成员操作符和身份操作符。

1. 算数操作符

算术操作符（表 5-1）接受两个操作数，在它们上面执行数学意义上的运算。

表 5-1　算术操作符

操作符	描述
+	加，将操作符两边的值相加
-	减，将左边操作数的值减去右边操作数的值
*	乘，将操作符两边的值相加
/	除，将左边的操作数除以右边的操作数
//	取整除，将左边的操作数除以右边的操作数，返回商
%	模，将左边的操作数除以右边的操作数，返回余数
**	指数，在操作数是执行指数（幂）计算

在 Python 中，布尔（bool）类型是整数类型的子集。布尔值 True 对应整数 1，布尔 False 对应整数 0。因此，在 True 和 False 上，也可以执行算术运算。

2. 位操作符

在计算机中，所有数值都表示为一系列的 0 和 1，每个 0 或 1 被称为一位。位操作符接受一个或两个操作数，逐位进行操作，而不是在整体上操作。

尽管在实际编程中并不常用到，但位操作符在加密、压缩以及字节操作等场合应用非常广泛。

位操作符（表 5-2）包括位与、位或、位异或、位非、位左移、位右移。

表 5-2　位操作符

操作符	描述
&	位与，操作数按位执行与操作
|	位或，操作数按位执行或操作
^	位异或，操作数按位执行异或操作
~	位非，单元操作符，对数据每个二进制位取反
<<	位左移，左边操作数向左移动右边操作数所指定的位数
>>	位右移，左边操作数向右移动右边操作数所指定的位数

在 Python 中，bool 类型是整数类型的子集。布尔值 True 对应整数 1，布尔 False 对应整数 0。因此，在 True 和 False 上，也可以执行位运算。

浮点数不能执行位操作。字符串、列表、元组、字典和集合等都不能执行位操作。

（1）位与对两个操作数按位进行与操作，见表 5-3。

表 5-3　位与运算真值表

表达式	值
0 & 0	0
0 & 1	0
1 & 0	0
1 & 1	1

从上表可以看到，仅当两个位都是 1 时，位与返回 1。

（2）位或对两个操作数按位进行或操作，见表 5-4。

表 5-4　位或运算真值表

表达式	值
0 | 0	0
0 | 1	1
1 | 0	1
1 | 1	1

从上表可以看到，当两个位中的任何一个是 1 时，位或返回 1。

（3）位异或对两个操作数按位进行异与操作，见表 5-5。

表 5-5　位异或运算真值表

表达式	值
0 ^ 0	0
0 ^ 1	1
1 ^ 0	1
1 ^ 1	0

从上表可以看到，当两个位不同（一个为 0，另一个为 1）时，位异或返回 1。这就是异或（exclusive or）名字的来由。

（4）位补是一个一元操作符，它将操作数逐位进行翻转。例如 2 的二进制表示为 0b00000010，翻转后得到 0x11111101，即 -3。

对于任何整数 x，将它的补记为 ~ x。因此有 x+ ~ x+1=0b11111111+0b00000001=0，因此有 ~ x=-x-1。

（5）位左移操作符将左边的操作数按位向左移动右边操作数所指定的位数，原来的最高位丢失，在新的最低位上用 0 进行填补，如图 5-32 所示。

（6）位右移操作符将左边的操作数按位向右移动右边操作数所指定的位数，原来的最低位丢失，在新的最高位上用 0 进行填补，如图 5-33 所示。

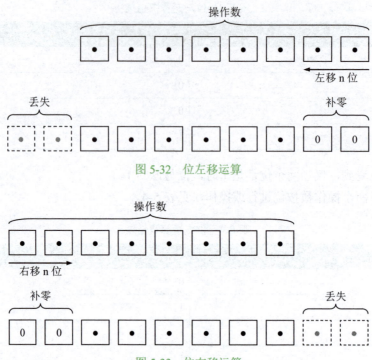

图 5-32　位左移运算

图 5-33　位右移运算

3. 赋值操作符

赋值操作符（表 5-6）用于将一个值赋予一个对象。Python 中提供了一系列赋值操作符，其中一个是直接赋值（=），其他都是对原始值进行修改，将结果赋值给对象，这样的操作符有多个，都是在 = 前面加上一个其他的操作符（例如算术操作符或位操作符）。

表 5-6　赋值运算符

操作符	描述
=	将右边操作数的值赋值给左边操作数
+=	将右边操作数加到左边操作数，并将结果赋值给左边操作数
-=	将左边操作数减去右边操作数，并将结果赋值给左边操作数
*=	将右边操作数乘到左边操作数，并将结果赋值给左边操作数
/=	将左边操作数除以右边操作数，并将结果赋值给左边操作数
%=	将左边操作数除以右边操作数，并将余数赋值给左边操作数
**=	在操作数是执行指数（幂）计算，并将结果赋值给左边操作数
//=	在操作数是执行取整除计算，并将结果赋值给左边操作数
&=	按位对操作数进行与，并将结果赋值给左边操作数
|=	按位对操作数进行或，并将结果赋值给左边操作数
^=	按位对操作数进行异或，并将结果赋值给左边操作数
<<=	将左边操作数左移右边操作数指定的位数，并将结果赋值给左边操作数
>>=	将左边操作数右移右边操作数指定的位数，并将结果赋值给左边操作数

4. 逻辑操作符

逻辑操作符（表 5-7）接受一个或两个操作数。Python 支持三个逻辑操作符：and、or 以及 not。

表 5-7　逻辑操作符

操作符	描述
and	如果左边操作数为假，返回假；否则计算 y 并返回其值
or	如果左边操作数为真，返回真；否则计算 y 并返回其值
not	如果操作数为假，返回真；否则返回真

在逻辑操作的上下文中，以及表达式被用于控制流语句时，以下值被解释为假：False、None、各种类型的数值零，以及空字符串和空容器（包括列表、元组、字典、集合等）。所有其他值被解释为真。

注意：and 和 or 并不限制它们返回的值为 True 或 False，而是返回最后一个计算的操作数。如果需要接收一个传入的参数，当它为空时，就是用默认的值，可以简单地表示成 s or 'foo'。

例如，5 and 7 和 5 & 7，并不会有相同的返回。and 是把两个操作数分别作为整体来考量的，而 & 对两个操作数分别按位对应进行操作。

实际上，and 检查左边的操作数，如果它为 True，则返回右边操作数的值；否则它返回 False。因此，5 and 7 相当于 True and 7，从而返回 7。可是，5&7 等于 101&111，结果为 101，即 5 的二进制。

5. 比较操作符

在 Python 中，比较操作符也称为关系操作符，比较两个操作数的值，根据条件是否满足返回 True 或 False。比较操作符有六个，它们又分为两类：相等比较（== 和 !=）以及顺序比较（<、<=、> 和 >=），见表 5-8。

表 5-8　比较操作符

操作符	描述
==	如果两个操作数的值相等，则条件为真
!=	如果两个操作数的值不等，则条件为真
>	如果左边操作数的值大于右边操作数的值，则条件为真
<	如果左边操作数的值小于右边操作数的值，则条件为真
>=	如果左边操作数的值大于或等于右边操作数的值，则条件为真
<=	如果左边操作数的值小于或等于右边操作数的值，则条件为真

内建数值类型中的数值（整数和浮点数）可以在类型内或跨类型比较。数值比较是数学意义上的比较，整数和浮点数比较之前，会自动将正式转换为浮点数。

字符串按字符顺序逐个比较。字符串的顺序取决于第一个不相等的字符。每个字符根据

ASCII 值进行比较。例如，Y 的 ASCII 值为 89，而 y 的 ASCII 值为 121，因此 Y 小于 y。从而，PYTHON 小于 Python。

列表和元组只在本类型内进行比较。它们都支持相等比较和顺序比较。列表和元组的比较按元素顺序逐个进行。

（1）两个列表或元组要进行相等比较时，它们必须有相同的类型、相同的长度，并且每一对相对应的元素必须进行相等比较。

（2）两个列表或元组要进行顺序比较时，它们的顺序取决于第一个不相等的元素。如果相对应的元素不存在，则更短的列表或元组排在前面。

字典只在本类型内进行比较。字典进行相等比较，当且仅当它们有相同的（键、值）对。字典不支持顺序比较，因此对于 >、<、<= 和 >= 等操作符，抛出例外。

为自定义的类，定义比较行为时，比较应该满足一致性规则。

（1）比较应该满足自反性。同一对象应该相等，即 x is y 表明 x==y。

（2）比较应该满足对称性。x==y 即 y==x，x!=y 即 y!=x，x<y 即 y>x 以及 x<=y 即 y>=x。

（3）比较应该满足传递性。如 x>y 并且 y>z 得到 x>z，以及 x<y 并且 y<=z 得到 x<z。

6. 成员操作符

成员操作符（表 5-9）接受两个操作数，用来判断指定对象是否出现在某个序列（字符串、列表、元组、集合和字典）中。成员操作符有两个：in 和 not in。

表 5-9　成员操作符

操作符	描述
in	如果左边操作数对象出现在右边操作数序列中，则返回真；否则返回假
not in	如果左边操作数对象没有在右边操作数序列中，则返回真；否则返回假

可以用 in 操作符快速检查一个对象是否在列表中。

```
print('x' in ['x','y','z'])
print('x' in [1,2,3])
```

使用 in 操作符判断两个列表是否有交集。

```
list1=[1,2,3,4,5]
list2=[6,7,8,9]
for item in list1:
    if item in list2:
        print("overlapping")
else:
    print("not overlapping")
```

7. 身份操作符

身份操作符（表 5-10）接受两个操作数，检查它们是否有相同的内存位置。身份操作符有两个：is 和 is not。

表 5-10　身份操作符

操作符	描述
is	如果两个操作数的内存位置相同，则返回真；否则返回假
is not	如果两个操作数的内存位置不同，则返回真；否则返回假

身份操作符通常被用来确定指定的对象是否属于某个类或类型。

```
x = 5.2
if type(x) is not int:
    print ("true")
else:
    print ("false")
```

一个表达式中可以有多个操作符，从而出现两个操作数共享一个操作符的情况，如图 5-34 所示。

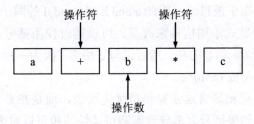

图 5-34　多操作数与多操作符

Python 定义了一个良好的规则，用于指定表达式在计算不同操作符时的计算顺序。

（1）优先级。在一个复杂表达式中，包括两个操作符共享一个操作数时，具有更高优先级的操作符首先被计算。例如，因为乘法的优先级高于加法，因此在计算表达式 a+b*c 时，先计算 b 与 c 的乘积，然后再用 a 加上它。

表 5-11 从最高到最低列出了操作符的优先级。

表 5-11　操作符优先级

操作符	描述
x[index], x[index:index], x(arguments⋯), x.attribute	索引、切片、调用、属性引用
await	await 表达式
**	指数
+, -, ～	正、负、位非
*, @, /, //, %	乘、矩阵乘、除、取整除和模
+, -	加和减
<<, >>	位左移和位右移
&	位与
^	位异或

操作符	描述
|	位或
in, not in, is, is not, <, <=, >, >=, !=, ==	比较
not	逻辑非
and	逻辑与
or	逻辑或
if – else	条件表达式
lambda	lambda 表达式

在上面的表中，可以看到某些组有许多操作符，这意味着这一组中的所有操作符具有相同的优先级。

因为逻辑与的优先级高于逻辑或，因此 a and b or c and d 等同于 (a and b) or (c and d)。

优先级规则可以通过显式添加括号来改变。可以通过使用括号，强制先执行低优先级的操作符。例如，如果要计算 a 和 b 的和，然后再与 c 相乘，因为 + 操作符的优先级小于 * 操作符，因此，需要将表达式写成 (a+b)*c。

大多数编程人员并不死记硬背这张操作符优先级表，而是在必要的位置添加括号，以便让表达式更清晰。此外，如果括号太多导致影响可读性，也可以对表达式进行分解。

（2）结合性。结合性定义了包含多个相同优先级操作符时表达式的计算顺序。当操作符具有相同优先级时，表达式按照操作符的结合性进行计算。在 Python 中，除了 ** 操作符具有从右到左的结合性之外，所有其他操作符都是从左到右的结合性。因此，a**b**c 的计算顺序为 a**(b**c)。而 a/b*c 的计算顺序为 (a/b)*c。

```
>>> 2**3**2
512
```

注意：比较操作符、成员操作符和身份操作符具有相同的优先级，它们按照从左到右的结合性进行运算。

Python 中也有操作符不遵循结合性，例如赋值操作符和比较操作符。对于这两种类型的操作符，有特殊的运算规则。

例如，表达式 x<y<z，既不是 (x<y)<z，又不是 x<(y<z)。实际上，它等同于 x<y and y<z，并且两个小于号按照从左到右的结合性进行计算。而且，有些时候，第二个小于表达式可能不需要计算。

此外，诸如 a=b=c 的赋值链也是允许的。但是 a=b+=c 则会产生例外。

（3）短路。所谓短路，就是在已经知道了整个表达式的结果时，停止计算，即便表达式中还有部分操作符没有被计算。

在计算涉及 and 和 or 操作符的表达式时，Python 使用短路规则。如果第一个操作数计算之后就知道了表达式的结果，第二个操作数就不会计算。示例如下：

X or Y：计算 X，如果 X 为真，返回 X；否则计算并返回 Y。这意味着，在第一个表达式的结果为真时，第二个表达式不会被计算。

X and Y：计算 X，如果 X 为假，返回 X；否则计算并返回 Y。这意味着，在第一个表达式的结果为假时，第二个表达式不会被计算。

因此，表达式 s!=None and len(s)<10 是有效的，即便在 s 为 None 时也不会引发例外。

需要注意 Python 中的两个内建函数 all() 和 any()，它们都传入一个可遍历的对象，见表 5-12。从字面意义上，当对象中所有元素都为真时，all 返回真；否则返回假。当对象中至少有一个元素为真时，any 返回真；否则返回假。

表 5-12　all() 和 any() 真值表

对象中元素	any	all
所有元素为真	真	真
所有元素为假	假	假
有一个元素为真（其他元素为假）	真	假
有一个元素为假（其他元素为真）	真	假
空序列	假	真

all() 的短路规则是，如果对象中遇到第一个为假的元素，函数就返回假，后面的元素不会被计算。

any() 的短路规则是，如果对象中遇到第一个为真的元素，函数就返回真，后面的元素不会被计算。

Python 中还有一个三元操作符（Ternary Operator），也叫条件操作符（Conditional Operator），它的语法规则如下：

```
x if C else y
```

它首先计算表达式 C（注意不是 x）。如果 C 为真，则计算并返回 x 的值；否则计算并返回 y 的值。

三元操作符的短路规则是显然的。如果 C 为真，y 不会被计算；如果 C 为假，x 不会被计算。

5.2.4　关键字

Python 中保留了一些关键字，用于指派特定的程序语言功能。

1. True 和 False

True 和 False 是 Python 中的真值，是 Python 中比较、逻辑等操作符的运算结果。True 和 False 也分别等同于 1 和 0。

2. None

None 是 Python 用于表示还没有赋值的关键字。如果暂时还不想为变量赋值，可以使用 None 作为对象的占位符。

```
a = None
print(a)
None
```

在 Python 中，只有一个 None 对象，但可以赋值给多个变量，这些变量相互相等。

```
a = None
b = None
a == b
True
```

如果函数没有 return 语句，或者在程序执行过程中没有经过 return 语句，则这个函数返回 None。

```
def foo():
    pass
print(foo())
None
```

对 None 作真值测试，它返回 False。因此，如果它被用作分支语句中，对应的语句块将被跳过，不被执行。

```
bool(None)
False
if None:
    print("Executed")
else:
    print("Skipped")
Skipped
```

3. pass

pass 作为 Python 中的一条占位语句，什么也不做。它主要是为了保持程序结构的完整性，被用于函数、循环等作为占位语句方便未来实现。

```
# 函数留待后面实现
def foo():
    pass
# 例外暂时不予处理
try:
    ...
except:
    pass
```

4. and、or 和 not

and、or 和 not 是 Python 中的逻辑操作符，它们的运算结果为 True 或 False，见表 5-13。

表 5-13　逻辑操作符真值表

p	Q	p and q	p or q	not p
False	False	False	False	True
	True	False	True	
True	False	False	True	False
	True	True	True	

在计算涉及 and 和 or 操作符的表达式时，Python 使用短路规则。

not 操作符可以和身份操作符 is 一起使用。a is not b 判断两个对象 a 和 b 的身份（内存地址），若不同，返回真；否则返回假。

not 操作符还可以和成员操作符 in 一起使用。a not in b 判断对象是否在序列 b 中，若是，返回真；否则返回假。

5.　is 和 in

is 作为身份操作符使用，测试对象身份，即两个变量是否指向同一个对象，返回 True 或 False。

in 可作为成员操作符使用，测试序列中是否包含特定值，返回 True 或 False。in 还可以用在 for 循环中遍历一个序列。

6.　if、elif 和 else

if、elif 和 else 用在条件分支或 decision making 中。elif 是 else if 的缩写。

else 还可以用在 while 和 for 循环中。在 for 循环列表遍历完毕后，或 while 条件语句不满足的情况下执行 else 下的语句块。

```python
for n in range(2, 10):
    for x in range(2, n):
        if n % x == 0:
            print("{} equals {} * {}".format(n, x, n//x))
            break
    else:
        print("{} is a prime".format(n))
```

输出：

```
2 is a prime
3 is a prime
4 equals 2 * 2
5 is a prime
6 equals 2 * 3
7 is a prime
8 equals 2 * 4
9 equals 3 * 3
```

else 还可以用在 try/except 语句中。

7.　for、while 和 break、continue

for 和 while 在 Python 中都用于循环目的。break 和 continue 用作循环内，用来变更正常行为。

for 循环和 while 循环，两者的相同点在于都能循环进行一件重复的事情；不同点在于，for 循环是在序列穷尽时停止，while 循环是在条件不成立时停止。

8.　class

class 在 Python 中用于创建用户自定义类。类里面包括属性和方法，是面向对象编程的核心概念。

9.　def、return 和 yield

def 用于创建用户自定义函数，函数是一组相关的语句块，用于执行特定的任务。

return 则用在函数内退出函数并返回值。

yield 也是用作函数内，但是它返回一个生成器。

10. del

del 用于删除对象引用，也用在对象或字典等序列中删除项。

11. try、except、finally 和 raise、assert

try、except 和 finally 用于捕获和处理例外，raise 用于抛出例外。assert 确保某个条件成立，主要用于调试目的。

12. import 和 from

import 用于导入模块到当前命名空间，而 from…import 则用于导入特定属性和函数到当前命名空间。

13. as

as 用于在导入模块时创建别名，也用于例外处理。

14. global 和 nolocal

global 用于声明函数中的变量是一个全局变量（在函数外可用）。如果需要读取一个全局变量的值，不需要定义它为全局变量。如果需要在函数内修改全局变量的值，就应该用 global 声明；否则会创建一个该名字的局部变量。

nonlocal 的使用和 global 相似。nonlocal 用于声明在嵌套函数中的变量并非局部变量，而是位于外层函数。如果需要修改嵌套函数中的非局部变量，就需要用 nonlocal 声明；否则会在嵌套函数中创建一个该名字的局部变量。

15. lambda

lambda 用于创建匿名函数（没有名字的函数）。

16. with

with 语句用于将代码块的执行封装在上下文管理器定义的方法之内。

5.2.5　语句

在 Python 中，语句是 Python 解释器可以读取和执行的逻辑指令，包括简单语句和复合语句。

（1）简单语句由一个单独的逻辑行构成。例如，表达式和赋值语句都是简单语句。通常，Python 语句以一个换行符结束。但是，也可以使用反斜杠（\）扩展以跨多行，它被称为续行字符。

```
if a == True and \
    b == False
```

（2）复合语句是包含其他语句（语句组）的语句。它们会以某种方式影响或控制所包含的其他语句的执行。if、while 和 for 语句用来实现传统的控制流程构造。try 语句为一组语句指定例外处理和清理代码，而 with 语句允许在一个代码块周围执行初始化和终结化代码。函数和类定义在语法上也属于复合语句。通常，复合语句会跨越多行，虽然在某些简单形式下，整个复合语句也可能包含于一行之内。

```
if None:
    print("Executed")
else:
    print("Skipped")
```

5.2.6 缩进

Python 语言使用缩进来界定代码块，一行代码的前导空格用于确定该行代码的缩进级别如图 5-35。

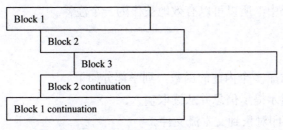

图 5-35 代码缩进格式

一般使用四个空格来创建和增加代码的缩进级别。通过下文例子，以理解代码缩进和语句组织。

```
def foo():
    print("Hi")

    if True:
        print("true")
    else:
        print("false")

print("Done")
```

5.2.7 注释

注释是程序不可分割的一部分。Python 解释器将忽略注释，注释是供程序员自己或其他程序员阅读源代码使用的。

在 Python 中，使用井号（#）注释一行代码。可以把 # 放在行的开始，或者代码后面。Python 忽略在井号之后，到行尾之前的所有内容。

```
# This is a comment
print("Hello, world.")  # This is an inline comment
```

如果要进行多行注释，有两种方法：

（1）连续的单行注释，即在连续的多行前面都加上井号。

```
# This is a "block comment" in Python, made
# out of several single-line comments.
# Pretty great, eh?
answer = 42
```

（2）使用多行字符串作为注释，即使用单引号或双引号。

```
"""
This is a "block comment" in Python, made
out of a mult-line string constant.
This actually works quite well!
"""
answer = 42
```

需要注意的是，这种方法尽管给出了多行注释的功能，但它在技术上并不是注释。它是一个字符串，并没有赋值给任何变量，因此不会在程序中被引用。因为它在运行时会被忽略，并且不会出现在字节码中，所以可以有效地被作为一个注释。

5.2.8　内建函数

Python 解释器包含了多个内建的函数，列举部分如下。

（1）input() 函数显示提示信息并从读取输入。

（2）print() 函数打印对象到文本流文件。

（3）int()、bool() 和 float() 函数分别将给定对象转换为整数、布尔和浮点数类型。

（4）bin()、oct() 和 hex() 函数将给定整数转换为对应进制的整数。

（5）chr() 和 ord() 函数实现单字符字符串和对应 Unicode 编码整数数值之间的转换。

（6）str()、list()、dict() 和 tuple() 函数分别将给定对象转换为字符串、列表、字典和元组。

（7）len() 函数返回给定对象的长度（或元素数）。

（8）open() 函数用于打开一个文件，它返回文件对象；或被称为句柄，可用来对该文件进行读 / 写。

（9）range() 函数用于返回一个数值序列。

5.3　Python 数据类型

Python 数据类型

5.3.1　数值类型

1. 整数

整数用来表示正整数、零和负整数，写成正号（+）或负号（-），后面跟上对应的数字（或字母）。在 Python 中，数值可以保存任何长度的整数，最大长度只受限于可用内存。

```
# 正整数
print(2)
# 负整数
print(-2)
# 零
print(0)
# 可以表示任意长度整数
print(9999999999999999999999999999999999999999999999999999)
print(-9999999999999999999999999999999999999999999999999999)
```

输出：

2

-2

0

9999999999999999999999999999999999999999999999999

-9999999999999999999999999999999999999999999999999

通常，在十进制系统中使用数值。但有时候，也需要在二进制、八进制或十六进制系统中使用数值。在 Python 中，需要在数值前面加上对应的前缀，见表 5-14。

表 5-14　二进制、八进制、十六进制前缀

数值系统	基	前缀
二进制	2	0b 或 0B
八进制	8	0o 或 0O
十六进制	16	0x 或 0X

（1）二进制是计算技术中广泛采用的一种数制，也是计算机运算基础。二进制只用到数字 0 和 1，其进位规则是"逢 2 进 1"，借位规则是"借 1 当 2"。在 Python 中，要表示二进制数值，需要加上前缀 0b 或 0B。

（2）八进制在数学中是一种逢 8 进 1 的进位制，只用到数字 0 ～ 7。在 Python 中，八进制数值的前缀是 0o 或 0O。

（3）十六进制在数学中是一种"逢 16 进 1"的进位制，一般用数字 0 ～ 9 和字母 A ～ F（或 a ～ f）表示，其中 A ～ F 表示 10 ～ 15。在 Python 中，要表示十六进制数值，需要加上前缀 0x 或 0X。

```python
# 二进制
print(0b11111111)
# 八进制
print(0o377)
# 十六进制
print(0xFF)
```

输出：

255

255

255

2. 浮点数

浮点数在计算机中用以近似地表示任意某个实数。它可以表示成两种形式。

（1）用小数点分隔的整数和小数部分的形式，例如 2.0 和 -2.1。

（2）用科学记数法的形式，表示 $a \times 10^b$，其中 a 称为尾数，必须为浮点数；b 称为指数，必须为整数，例如 4.0E2（4.0 乘以 10 的 2 次幂）。

```python
print(2.0)
print(4.0E2)
```

输出：

2.0

400.0

在计算机内部，浮点数使用二进制（基为 2）的小数表示。大多数小数不能被精确地表示为二进制小数，因此，在大多数情况下，浮点数的内部表示只是实际值的近似。在 Python 中，一个浮点值只能精确到 15 位小数的位置。如果超过，它会近似到最近的小数。

```python
print(1.11111111111111111119)
```

输出：

1.1111111111111112

3. 布尔

布尔类型是整数类型的子类。Python 中定义了两个布尔值：False 和 True，分别对应整数 0 和 1。

在必要时（例如用作分支语句或循环语句的条件，或作为布尔操作的一个操作数），Python 解释器会将对象做一个隐式转换，使用内建的 bool() 函数将对象转换为布尔值 False 或 True，这也被称为真值测试。

任何对象都可以进行真值测试。以下情况，内建对象被认为是假。

（1）被定义为假的常量，如 None 和 False。

（2）任何数值类型的零，如 0、0.0、0j、Decimal(0) 和 Fraction(0, 1)。

（3）空的序列或集合，如 ''、[]、()、{}、range(0)。

```python
from decimal import Decimal
from fractions import Fraction
print(bool(None))
print(bool(0))
print(bool(0.0))
print(bool(0.0j))
print(bool(Decimal(0.0)))
print(bool(Fraction(0, 1)))
print(bool(''))
print(bool([]))
print(bool(()))
print(bool({}))
print(bool(range(0)))
```

输出：

False

False

False

False

False

False

False

False

False
False
False

4. 处理数值的外部类

（1）math 模块。math 模块提供了所有重要的数学函数（表 5-15），如 exp、三角函数、对数函数、阶乘函数等。这个模块还定义了两个数学常量：pi（数学常量 π）和 e。

表 5-15　数字函数

函数	描述
ceil(x)	返回 x 的向上取整，即不小于 x 的最小整数
floor(x)	返回 x 的向下取整，即不大于 x 的最大整数
fabs(x)	返回 x 的绝对值
factorial(x)	返回 x 的阶乘
gcd(a, b)	返回整数 a 和 b 的最大公约数
pow(x, y)	返回 x 的 y 次幂
sqrt(x)	返回 x 的平方根
exp(x)	返回 e 的 x 次幂（e^x）
log(x[, base])	返回 x 基于 base 的对数，若 base 未给出，则默认为 e，即返回 x 的自然对数
log2(x)	返回 x 基于 2 的对数
log10(x)	返回 x 基于 10 的对数
acos(x)	返回 x 的反余弦值
asin(x)	返回 x 的反正弦值
atan(x)	返回 x 的反正切值
cos(x)	返回 x 的余弦值
sin(x)	返回 x 的正弦值
tan(x)	返回 x 的正切值
degrees(x)	将弧度转换为角度
radians(x)	将角度转换为弧度

以下是一些例子：

```
import math
print(math.pi)
print(math.e)
print(math.factorial(5))
print(math.exp(3))
print(math.cos(math.pi))
print(math.degrees(math.pi))
```

输出：

3.141592653589793

2.718281828459045

120

20.085536923187668

-1.0

180.0

（2）random 模块。Python 提供内建的 random 模块用来生成随机数。实际上，它生成的是伪随机数，因为生成的数值序列取决于给定的种子。如果种子值相同，则生成的序列一样。

下面简单介绍 random 模块中的部分函数列表（表 5-16）。

表 5-16　random 模块中的部分函数

函数	描述
seed(a=None, version=2)	初始化随机数生成器，在模块其他函数之前调用
randrange(start, stop[, step])	返回给定范围内的一个随机整数
randint(a, b)	返回 a 和 b 之间（均含）的一个随机整数
random()	返回在 [0.0, 1.0) 范围内的一个随机浮点数
uniform(a, b)	返回在 a 和 b 范围（均含）内的一个随机浮点数
shuffle(seq)	"就地"对序列进行洗牌
choice(seq)	返回非空序列中的一个随机元素
sample(seq, k)	从序列中取 k 个不同的样本，返回对应的列表

以下是一些例子：

```python
import random
card = ['A', '2', '3', '4', '5', '6', '7', '8', '9', '10', 'J', 'Q', 'K']
# 这个函数 " 就地 " 对列表进行洗牌，不返回任何值，而是修改传入的列表
random.shuffle(card)
print(card)
# 随机从列表中选择一个元素
print(random.choice(card))
# 随机从列表中选择指定数目的元素
print(random.sample(card, 2))
# 返回范围 [a, b] 内的随机整数，包括两个端点。
print(random.randint(0,100))
# 返回返回 [a, b] 内的随机浮点数，包括两个端点
print(random.uniform(0, 100))
# 返回在 [0.0, 1.0) 范围内下一个随机浮点数
print(random.random())
# 生成值在 5 和 95 之间的随机浮点数
print(random.random()*100-5)
```

输出：

['7', '4', '9', '10', '3', 'J', '8', 'A', 'K', '6', 'Q', '2', '5']

Q
['6', '9']
19
97.43887658121419
0.14004861912822686
71.63745476678757

5. 实验任务：利用蒙特卡洛方法计算 π 值

计算 π 的值在现代已经有很多种方式，比如用数列。蒙特卡洛方法，又称随机抽样或统计试验方法，属于计算数学的一个分支。比如，如图 5-36 所示的正方形与扇形，扇形面积与正方形面积的比是 π/4。这样，π 的值就可以用蒙特卡洛方法来估计（计算）。

（1）画一个正方形，并做其内切圆。

（2）以均匀分布向正方形上随机进行散点。

（3）计算在扇形内的点的个数以及全部点的个数。

估计 π 值的公式：π= 扇形内点的个数 ÷ 全部点的个数 ×4。

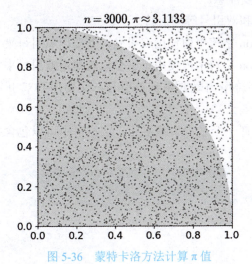

图 5-36　蒙特卡洛方法计算 π 值

```python
# 蒙特卡洛方法求 π 的值
import random
def monte_carlo_method(n):
    inside_number = 0
    for i in range(n):
        x, y = random.random(),random.random()
        if x*x+y*y < 1:
            inside_number += 1
    return 4*inside_number/n

# 主程序
if __name__ == '__main__':
    number = int(input('input times please:'))
    print(monte_carlo_method(number))
```

5.3.2　字符串类型

在 Python 中，字符串被用来记录文本信息，例如名字。Python 中的字符串实际上是一个序列，Python 以序列的形式跟踪字符串的每个元素。尽管本书将这些元素称为字符，但实际上，Python 中没有字符数据类型，它被当成长度为 1 的字符串处理，因此被认为是一个子串。

Python 使用单引号（'）、双引号（"）和三个引号（''' 或 """）来定界字符串常量，需要开始和结束位置使用的是相同类型的引号。如果使用单引号开始，必须以单引号结束。对于双引号和三个引号，同样是这样。

注意：这里说的是三个引号，而不是三引号。实际上三个引号表示三个连续的单引号或三个连续的双引号，它们也都是成对使用，可以用于跨多行的注释，也可以用于跨多行的字符串。

1.　创建字符串

创建字符串是将一个字符串常量赋值给一个变量。因为使用引号给字符串定界，当需要在字符串中使用引号时就要注意。

（1）Python 将单引号和双引号等同对待。

（2）如果需要在 Python 字符串内使用双引号，就要用单引号来定界。

（3）如果需要在 Python 字符串内使用单引号，就要用双引号来定界。

（4）如果在 Python 字符串内既要用到单引号，又要用到双引号，就需要用到转义符来定界。

Python 中三个引号允许一个字符串跨多行，字符串中可以包含换行符、制表符以及其他特殊字符。

```
print('Hello, Python!')
print("Hello, Python!")
```

输出：

Hello, Python!
Hello, Python!

```
print('I'm using single quotes, but this will create an error')
```

输出：

　File "<ipython-input-18-217914b2b81c>", line 1
　　print('I'm using single quotes, but this will create an error')
　　　　　^
SyntaxError: invalid syntax

上面错误的原因是 I'm 的单引号结束了字符串。可以使用双引号和单引号组合来获得完整的语句。

```
print("I'm using single quotes, but this will create an error")
```

输出：

I'm using single quotes, but this will create an error

三个引号允许在字符串中使用回车符、制表符、单引号、多引号以及其他特殊字符。三个引号让程序员从引号和特殊字符串的泥潭里面解脱出来，自始至终保持一小块字符串的格式是所谓的 WYSIWYG（所见即所得）的。一个典型的用例是，当需要一块 HTML 或 SQL 时，这时应当用三个引号标记，使用传统的转义字符体系将十分费神。

```
vv = """[virt-viewer]
type=vnc
host=%s
port=%s
password=%s
""" % ("192.168.0.100", "5900", "123456")
print(vv)
```

输出：

```
[virt-viewer]
type=vnc
host=192.168.0.100
port=5900
password=123456
```

```
rhtml = """<!DOCTYPE html>
<html>
<head>
 <title> 我的图书馆 </title>
</head>
<body>
 <h2> 图书列表 </h2>
 <table>
  <tr>
   <th> 标题 </th>
   <th> 作者 </th>
  </tr>
  <tr>
   <td> 红楼梦 </td>
   <td> 曹雪芹 </td>
  </tr>
  <tr>
   <td> 三国演义 </td>
   <td> 罗贯中 </td>
  </tr>
 </table>
</body>
</html>"""
print(rhtml)
```

输出：

```
<!DOCTYPE html>
<html>
<head>
 <title> 我的图书馆 </title>
```

```
  </head>
  <body>
   <h2> 图书列表 </h2>
   <table>
    <tr>
     <th> 标题 </th>
     <th> 作者 </th>
    </tr>
    <tr>
     <td> 红楼梦 </td>
     <td> 曹雪芹 </td>
    </tr>
    <tr>
     <td> 三国演义 </td>
     <td> 罗贯中 </td>
    </tr>
   </table>
  </body>
 </html>
```

在 Jupyter Notebook 的代码单元中使用字符串会自动输出字符串，但是这种方法没法输出多行字符串。如果需要输出多行字符串，正确方式是使用 print 函数。

```
# 自动输出字符串
'Hello World'
```

输出：

'Hello World'

```
# 不能输出多行字符串
'Hello World 1'
'Hello World 2'
```

输出：

'Hello World 2'

```
# 要输出多行字符串，正确的方式是使用 print 函数
print('Hello World 1')
print('Hello World 2')
```

输出：

'Hello World 1'
'Hello World 2'

2. 字符串索引

字符串是一个序列，可以通过"位置"来取得序列中的某个元素，例如第一个字符、最后一个字符等。

索引使用方括号 [] 作为记号，一般记法为 [index]，用在可索引的数据结构（字符串、列表、元组等序列）后，表示位置在 index 的元素。object[index] 用于表示对象在给定索引 index 处的元素。因此，[] 被称为索引操作符或下标操作符。

在 Python 中，索引从零开始。索引必须是整数，不能是浮点数。序列的索引可以为正值、零或负值。符号表示方向，正表示从前向后，负表示从后向前。

（1）正索引。正索引从 0 开始表示最左边（第一个）项，然后向右遍历。

（2）负索引。负索引从 -1 开始表示最右边（最后一个）项，然后向左遍历。

对于字符串 s，长度可以通过内建函数 len(s) 计算得到。使用这样的索引规则，0 表示第一个元素，len-1 表示最后一个元素，-1 表示最后一个元素，-len 表示第一个元素。序列的索引范围：-len,-len+1,…,-2,-1,0,1,…,len-2,len-1。

虽然，这个索引范围有 2×len 个值，但实际只对应 len 个元素。其中 -len 和 0 对应的是同一个元素，-len+1 和 1 对应的是同一个元素，依次类推，-1 和 len-1 对应的是同一个元素。

Python 中的索引示例如图 5-37 所示。

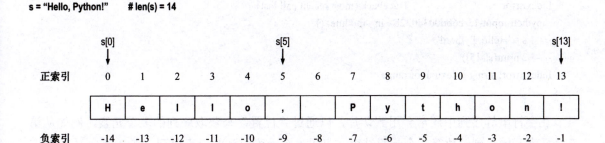

图 5-37 Python 中的索引示例

这样正索引应该在 [0, len(s)-1] 范围内，而负索引则在 [-len(s), -1] 之间，它们之间相差 len(s)，负索引 -i 和正索引 len(s)-i 对应同一个元素。如果索引不在 [-len(s), len(s)-1] 范围内，则抛出 IndexError 例外。

```python
s = 'Hello, Python!'
print(s[0])
print(s[5])
print(s[13])
print(s[-1])
print(s[-6])
print(s[-14])
```

输出：

H

,

!

!

y

H

```
s = 'Hello, Python!'
print(s[14])
```

输出：

```
IndexError                    Traceback (most recent call last)
<ipython-input-10-92b6b0c52450> in <module>()
      1 s = 'Hello, Python!'
----> 2 print(s[14])
IndexError: string index out of range
```

```
s = 'Hello, Python!'
print(s[-15])
```

输出：

```
IndexError                    Traceback (most recent call last)
<ipython-input-13-b6bd0d3d022b> in <module>()
      1 s = 'Hello, Python!'
----> 2 print(s[-15])
IndexError: string index out of range
```

3. 字符串切片

在字符串等序列中还常会用到切片，以通过"位置"来获取序列的多个元素，例如从第五个元素开始，到倒数第三个元素结束、每隔一个元素取到的元素序列。在 Python 中，对应的名称是切片（Slice）。

切片也使用方括号 [] 作为记号，一般记法为 [begin:end:step]。切片记号用在可切片的数据结构（字符串、列表、元组等序列）后，表示从索引为 begin 的元素开始（含），以 step 为步长，依次取元素，直到索引为 end 的元素结束（不含）。切片记号返回包含所取到元素的相同序列。如果没取到任何元素，则返回空的序列。因此，[:] 被称为切片操作符。

这里，将序列的长度记为 len。

- step：步长，索引增加或减少的数量。可以为正值或负值，不能为零。正值表示从前向后，负值表示从后向前。绝对值表示步长，默认为 +1，表示方向为从前向后，且步长为 1。
- begin：切片的起始索引。当 step 为正值时，默认为 0；当 step 为负值时，默认为 -1。
- end：切片的结束索引。当 step 为正值时，默认为 len。当 step 为负值时，默认为 -(len+1)。

关于切片，需要记住的关键是，索引为 end 的元素不在所选的切片中，它的精确含义是"到，但不包括"。字符串切片示例如图 5-38 所示。

序列的索引范围：-len,-len+1,…,-2,-1,0,1,…,len-2,len-1。

这个范围可以往两个方向延伸，直到无穷：…,-len-1,-len,-len+1,…,-2,-1,0,1,…,len-2,len-1,len,…。

序列的索引范围如图 5-39 所示。

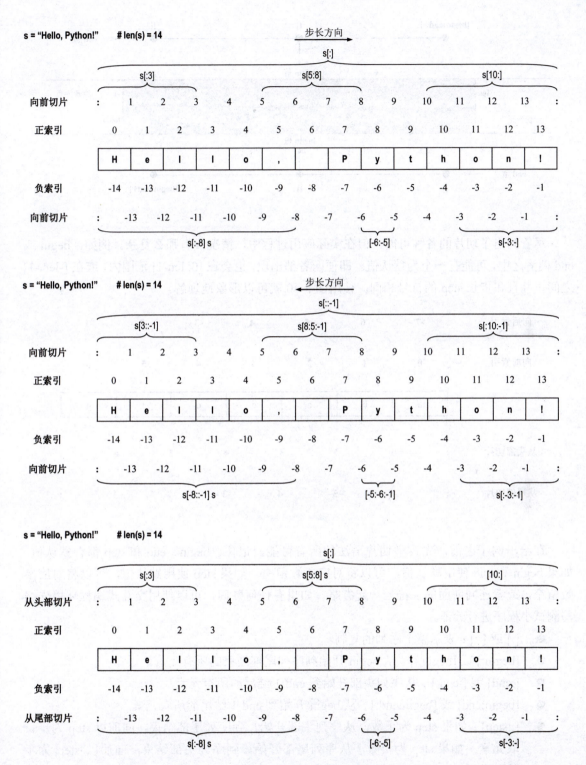

图 5-38　字符串切片示例

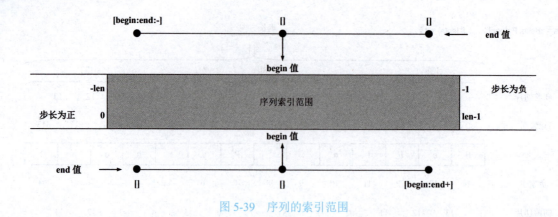

图 5-39　序列的索引范围

尽管列出了切片的各种可能，但在实际应用过程中，情况没有那么复杂。例如，begin 或 end 两者之中，可能有一个为默认值。即便两者都出现，也会在 [0, len-1] 范围内，或在 [-len,-1] 之间，并且和步长 step 的符号相同。使用图 5-40 就可以形象地理解。

向后索引	-7 -	6	-5 -	4	-3 -	2	-1
向前索引	0	1	2	3	4	5	6
	a	b	c	d	e	f	g
从头部切片	:	1	2	3	4	5	6	:
从尾部切片	:	-6	-5 -	4	-3 -	2	-1	:

图 5-40　索引与切片

在给出例子之前，先枚举切片语法的所有可能。记住，begin、end 和 step 都有默认值。如果 begin 和 end 使用默认值，可以将对应参数留空。如果 step 使用默认值，可以将对应参数留空，或者连同前面的：符号一起省略。如果有任何疑问，可以使用交互式编程环境先编写测试小程序进行验证。

- [:] 或 [::]：表示整个序列的复制。
- [begin:] 或 [begin::]：从 begin 开始到序列尾部结束的所有元素。
- [:end] 或 [:end:]：从序列头部开始到 end-1 结尾的所有元素。
- [begin:end] 或 [begin:end:]：从 begin 开始到 end-1 结尾的所有元素。
- [::step]：如果 step 为正数，从序列头部开始，到序列尾部结束，向前以 step 为步长取元素；如果 step 为负数，从序列尾部开始，到序列头部结束，向后以 |step| 为步长取元素。
- [begin::step]：如果 step 为正数，从 begin 开始，到序列尾部结束，向前以 step 为步长取元素；如果 step 为负数，从 begin 开始，到序列头部结束，向后以 |step| 为步长取元素。

- [:end:step]：如果 step 为正数，从序列头部开始，到 end-1 结束，向前以 step 为步长取元素；如果 step 为负数，从序列尾部开始，到 end-1 结束，向后以 |step| 为步长取元素。
- [begin:end:step]：如果 step 为正数，从 begin 开始，到 end-1 结束，向前以 step 为步长取元素；如果 step 为负数，从 begin 开始，到 end-1 结束，向后以 |step| 为步长取元素。

```
s = "abcdefg"
print("{:<10}==>{}".format("s[:]", s[:]))
print("{:<10}==>{}".format("s[::]", s[::]))
print("{:<10}==>{}".format("s[0:]", s[0:]))
print("{:<10}==>{}".format("s[2:]", s[2:]))
print("{:<10}==>{}".format("s[6:]", s[6:]))
print("{:<10}==>{}".format("s[-3:]", s[-3:]))
print("{:<10}==>{}".format("s[-7:]", s[-7:]))
print("{:<10}==>{}".format("s[:0]", s[:0]))
print("{:<10}==>{}".format("s[:2]", s[:2]))
print("{:<10}==>{}".format("s[:6]", s[:6]))
print("{:<10}==>{}".format("s[:-3]", s[:-3]))
print("{:<10}==>{}".format("s[:-7]", s[:-7]))
print("{:<10}==>{}".format("s[2:0]", s[2:0]))
print("{:<10}==>{}".format("s[6:0]", s[6:0]))
print("{:<10}==>{}".format("s[-3:0]", s[-3:0]))
print("{:<10}==>{}".format("s[-7:0]", s[-7:0]))
print("{:<10}==>{}".format("s[2:2]", s[2:2]))
print("{:<10}==>{}".format("s[6:2]", s[6:2]))
print("{:<10}==>{}".format("s[-3:2]", s[-3:2]))
print("{:<10}==>{}".format("s[-7:2]", s[-7:2]))
print("{:<10}==>{}".format("s[2:6]", s[2:6]))
print("{:<10}==>{}".format("s[6:6]", s[6:6]))
print("{:<10}==>{}".format("s[-3:6]", s[-3:6]))
print("{:<10}==>{}".format("s[-7:6]", s[-7:6]))
print("{:<10}==>{}".format("s[2:-3]", s[2:-3]))
print("{:<10}==>{}".format("s[6:-3]", s[6:-3]))
print("{:<10}==>{}".format("s[-3:-3]", s[-3:-3]))
print("{:<10}==>{}".format("s[-7:-3]", s[-7:-3]))
print("{:<10}==>{}".format("s[2:-7]", s[2:-7]))
print("{:<10}==>{}".format("s[6:-7]", s[6:-7]))
print("{:<10}==>{}".format("s[-3:-7]", s[-3:-7]))
print("{:<10}==>{}".format("s[-7:-7]", s[-7:-7]))
print("{:<10}==>{}".format("s[::-2]", s[::-2]))
print("{:<10}==>{}".format("s[6::-2]", s[6::-2]))
print("{:<10}==>{}".format("s[:2:-2]", s[:2:-2]))
print("{:<10}==>{}".format("s[6:2:-2]", s[6:2:-2]))
```

输出：

```
s[:]      ==>abcdefg
s[::]     ==>abcdefg
```

```
s[0:]    ==>abcdefg
s[2:]    ==>cdefg
s[6:]    ==>g
s[-3:]   ==>efg
s[-7:]   ==>abcdefg
s[:0]    ==>
s[:2]    ==>ab
s[:6]    ==>abcdef
s[:-3]   ==>abcd
s[:-7]   ==>
s[2:0]   ==>
s[6:0]   ==>
s[-3:0]  ==>
s[-7:0]  ==>
s[2:2]   ==>
s[6:2]   ==>
s[-3:2]  ==>
s[-7:2]  ==>ab
s[2:6]   ==>cdef
s[6:6]   ==>
s[-3:6]  ==>ef
s[-7:6]  ==>abcdef
s[2:-3]  ==>cd
s[6:-3]  ==>
s[-3:-3] ==>
s[-7:-3] ==>abcd
s[2:-7]  ==>
s[6:-7]  ==>
s[-3:-7] ==>
s[-7:-7] ==>
s[::-2]  ==>geca
s[6::-2] ==>geca
s[:2:-2] ==>g
s[6:2:-2] ==>ge
```

4. 修改字符串

注意：字符串的一个重要属性是不可变性。这意味着一旦字符串被创建，其元素就不会被修改或替换。示例如下：

```
s = 'Hello World'
s[0] = 'x'
```

输出：

```
---------------------------------------------------------------------
TypeError                        Traceback (most recent call last)
<ipython-input-7-7347309c0f1c> in <module>()
      1 s = 'Hello World'
----> 2 s[0] = 'x'
TypeError: 'str' object does not support item assignment
```

注意：错误提示直观显示，不能对项进行赋值。

要修改字符串，需要在字符串上执行方法，将其返回值重新赋值给变量。

```
s = "Hello, Python!"
s = s.lower()
print(s)
s = s.replace("!", "")
print(s)
```

输出：

```
hello, python!
hello, python
```

5. 字符串的基本方法

Python 字符串对象提供了一系列基本方法。需要注意的是，字符串是不可变对象。所有这些方法都不会改变原始对象，而是在需要时返回一个新的字符串。要修改字符串，需要重新赋值。部分重要方法如下。

（1）startswith() 和 endswith() 分别用于判断字符串是否以指定前缀开始或结尾。它们的语法如下：

```
startswith(prefix[, start[, end]])
endswith(suffix[, start[, end]])
```

如果字符串以指定前缀开始，则 startswith() 返回 True；否则返回 False。参数 prefix 为要检查的字符串。如果指定 start，则从该索引开始检查（含）；如果给定 end，则检查到此索引结束（不含）。

如果字符串以指定前缀结尾，则 endswith() 返回 True；否则返回 False。参数 sufix 为要检查的字符串。如果指定 start，则从该索引开始检查（含）；如果给定 end，则检查到此索引结束（不含）。

```
print("hello world".startswith('hello'))
print("hello world".startswith('hello', 0))
print("hello world".startswith('hello', 0, 4))
print("hello world".endswith('world'))
```

输出：

```
True
True
False
True
```

（2）index() 用于在字符串中向左开始查找子串，语法如下：

```
index(sub[, start[, end]])
```

如果找到子串，index() 返回 sub 在字符串中的（最小）索引。如果没找到子串，则抛出例外。如果指定 start，则从该索引开始查找（含）；如果给定 end，则查找到此索引结束（不含）。

index() 方法和 find() 类似，唯一区别在于如果没有找到子串，find() 返回 -1，而 index() 抛出例外。

```
print("hello world".index('lo'))
print("hello world".index('lo', 3))
print("hello world".index('lo', 3, 5))
```

输出：

```
3
3
3
```

```
print("hello world".index('lo', 3, 4))
```

输出：

```
---------------------------------------------------------------------
ValueError                    Traceback (most recent call last)
<ipython-input-9-a5fa670e1e04> in <module>()
----> 1 print("hello world".index('lo', 3, 4))

ValueError: substring not found
```

（3）join() 用于连接字符，语法如下：

join(iterable)

返回一个字符串，连接可遍历对象（例如列表、元组、字符串、字典、集合等）中的所有元素，元素之间的分隔符即为提供本方法的字符串。如果可遍历对象中有任何非字符串元素，则抛出 TypeError 例外。

```
print(",".join(["1", "2", "3", "4"]))
```

输出：

```
1,2,3,4
```

```
print(",".join([1, 2, 3, 4]))
```

输出：

```
---------------------------------------------------------------------
TypeError                     Traceback (most recent call last)
<ipython-input-5-c38fda320b43> in <module>()
----> 1 print(",".join([1, 2, 3, 4]))
TypeError: sequence item 0: expected str instance, int found
```

（4）strip() 用于从字符串中删除前导和拖尾字符串，语法如下：

strip([chars])

strip() 方法返回一个字符串，其中所有由 chars 中字符组合的前导和拖尾字符串被删除。如果没有给出参数，则默认从字符串中删除所有前导和拖尾空格字符串。

```
print('   spacious   '.strip())
```

输出：

```
'spacious'
```

```
print('www.example.com'.strip('cmowz.'))
```

输出：

```
example
```

（5）split() 用于分隔字符串，语法如下：

split(sep=None, maxsplit=-1)

split() 方法根据指定分隔符分隔字符串，返回字符串列表。如果指定 sep，则把它作为分隔符；否则将所有空格字符（制表符、空格、换行等）作为分隔符。如果指定 maxsplit，则将它作为最大分隔次数；否则使用默认值 -1，即不限分隔次数。

```
print('Happy New Year'.split())
print('Happy New Year'.split('p'))
print('Happy New Year'.split('ew'))
print('Happy New Year'.split(' ', 1))
```

输出：

['Happy', 'New', 'Year']

['Ha', '', 'y New Year']

['Happy N', ' Year']

['Happy', 'New Year']

（6）replace() 用于替换字符串，语法如下：

replace(old, new[, count])

replace() 返回字符串复制，其中指定的旧子串 old 被替换为新子串 new。如果指定 count，它表示最多替换的次数；否则替换所有出现的旧子串。如果没有找到旧子串，则返回原始字符串的复制。原始字符串不会改变。

```
print("Hello, Python!".replace(" ", "\n"))
```

输出：

Hello,

Python!

（7）format() 用于格式化字符串，语法如下：

{ 占位符 }".format(value1,value2,…)

其中占位符可以是任何数字或字母，用大括号括起来。该函数支持位置参数、关键字参数和格式化字符串等多种参数类型。使用时需要注意占位符和参数的数量必须匹配，且可以在格式化字符串中使用花括号包含具体的格式控制规则。

```
name = "Alice" age = 30 message = "My name is {} and I am {} years old.".format(name, age) print(message)
```

输出：

My name is Alice and I am 30 years old.

5.3.3 列表类型

列表可以被认为是 Python 中最一般形式的序列。列表使用 [] 作为定界符，并且用逗号分隔列表中的每个元素。

1. 创建列表

创建列表就是将一组用逗号分隔的值放到方括号内，创建的列表被赋值给一个变量，方便后续使用该列表。如下所示：

L = [expression, …]

这种构造方式称为"列表陈列式（display）"。

需要注意，创建列表时不需要声明数据类型，因为 Python 是动态类型的。

当方括号内没有任何表达式（即为 []）时，就是所谓的空列表。声明一个空列表，然后往列表中追加项。可以往列表中放任何类型的值，例如字符串、元组，甚至是列表。还可以往列表中放不同类型的值，也就是说，列表可以是异构的。

```
# 构造一个十以内数字的列表，并赋值给一个变量
digits = [0,1,2,3,4,5,6,7,8,9]
# 列表中的元素可以是各种数据类型，例如字符串
weekdays = ['Sunday', 'Monday', 'Tuesday', 'Wednesday', 'Thursday', 'Friday', 'Saturday']
# 列表也可以包括列表
matrix = [[1, 2, 3], [4, 5, 6]]
# 列表中还可以包含不同的对象类型
ranking = ["Gold Medal", "Silver Medal", "Bronze Medal", "4", "5", "6", "7", "8"]
```

注意：每次执行 [] 表达式时，Python 将创建一个新的列表。如果将列表赋值给一个对象，Python 不会创建新的列表。

Python 还支持通过列表推导式或使用内建的列表函数（list()）来创建列表。

2. 列表索引

要访问列表中的一项，需要使用索引操作符（[]）。在列表的名字后，用方括号括起元素的索引，即 L[index]。

索引从 0 开始，必须是整数，不能是浮点数。下列为两种类型的索引方式。

（1）正索引。正索引从 0 开始表示最左边（第一个）项，然后向右遍历。

（2）负索引。负索引从 -1 开始表示最右边（最后一个）项，然后向左遍历。

如果传入一个负的索引，Python 会将该索引加上列表的长度。L[-1] 可以用来访问列表中的最后一项。

在使用索引访问列表元素时，有效索引范围为 [-len(L),len(L)-1]。如果索引值超出列表范围，Python 抛出 IndexError 例外，显示"list index out of range"信息。

```
s = ["Sunday", "Monday", "Tuesday", "Wednesday", "Thursday", "Friday", "Saturday"]
print(s[0])
print(s[2])
print(s[6])
print(s[-1])
print(s[-3])
print(s[-7])
```

输出：
Sunday
Tuesday
Saturday
Saturday
Thursday
Sunday

Print(s[7])

输出：

IndexError   Traceback (most recent call last)
<ipython-input-3-2ea561dd801a> in <module>()
----> 1 print(s[7])
IndexError: list index out of range

Print(s[-8])

输出：

IndexError   Traceback (most recent call last)
<ipython-input-4-11a7ade06445> in <module>()
----> 1 print(s[-8])
IndexError: list index out of range

3. 列表切片

```
s[:]     ==>['a', 'b', 'c', 'd', 'e', 'f', 'g']
s[::]    ==>['a', 'b', 'c', 'd', 'e', 'f', 'g']
s[0:]    ==>['a', 'b', 'c', 'd', 'e', 'f', 'g']
s[2:]    ==>['c', 'd', 'e', 'f', 'g']
s[6:]    ==>['g']
s[-3:]   ==>['e', 'f', 'g']
s[-7:]   ==>['a', 'b', 'c', 'd', 'e', 'f', 'g']
s[:0]    ==>[]
s[:2]    ==>['a', 'b']
s[:6]    ==>['a', 'b', 'c', 'd', 'e', 'f']
s[:-3]   ==>['a', 'b', 'c', 'd']
s[:-7]   ==>[]
s[2:0]   ==>[]
s[6:0]   ==>[]
s[-3:0]  ==>[]
s[-7:0]  ==>[]
s[2:2]   ==>[]
s[6:2]   ==>[]
s[-3:2]  ==>[]
s[-7:2]  ==>['a', 'b']
s[2:6]   ==>['c', 'd', 'e', 'f']
s[6:6]   ==>[]
s[-3:6]  ==>['e', 'f']
s[-7:6]  ==>['a', 'b', 'c', 'd', 'e', 'f']
s[2:-3]  ==>['c', 'd']
s[6:-3]  ==>[]
s[-3:-3] ==>[]
s[-7:-3] ==>['a', 'b', 'c', 'd']
s[2:-7]  ==>[]
s[6:-7]  ==>[]
```

```
s[-3:-7] ==>[]
s[-7:-7] ==>[]
s[::-2]  ==>['g', 'e', 'c', 'a']
s[6::-2] ==>['g', 'e', 'c', 'a']
s[:2:-2] ==>['g']
s[6:2:-2] ==>['g', 'e']
```

4. 修改列表

和字符串不同的是，列表是可变的，这意味着列表中的元素可以被修改，见表 5-17。

表 5-17　修改列表元素

示例	含义
s[i] = x	s 中索引为 i 的项被替换为 x
s[i:j] = t	从 i 到 j 的切片被可迭代对象 t 的内容替换
s[i:j:k] = t	s[i:j:k] 的元素被替换为 t
del s[i:j]	等价于 s[i:j] = []
del s[i:j:k]	从列表中删除 s[i:j:k] 的元素

正是因为列表可以修改，所以列表对象很多的涉及修改的方法都"就地"作用在列表上，而方法返回值为 None，所以将这些方法返回值赋值给变量是没有意义的。

```
x = [1, 2, 3]
print(x.reverse())
```

输出：
None

一个经常出现的编程错误是将修改过的列表赋值给一个新变量。下面的方法对于字符串和元组等不可变对象也是适用的。

```
x = 'hello world'
y = x.upper()
print(y)
```

输出：
HELLO WORLD

但是，这种方式对于列表来说不适用。

```
x = [1,2,3]
y = x.append(4)
print(y)
```

输出：
None

在这种情况下，因为列表的 append() 方法"就地"（in-place）改动了列表，操作返回一个 None 值。如果需要保留列表的原始值，则需要调用列表的 copy() 方法，将返回值赋给另一个变量，然后才能在原始列表或备份列表上修改。

```
x = [1,2,3]
y = x.copy()
y.append(4)
print(x)
print(y)
```

输出：

```
[1, 2, 3]
[1, 2, 3, 4]
```

5. 列表的基本方法

（1）index() 用于在列表中查找元素，它的语法如下：

index(x[, i[, j]])

如果找到的元素，index() 返回 x 在列表中第一次出现的（最小）索引。如果没找到元素，则抛出 ValueError 例外。如果给定 i，则从该索引开始查找（含）；如果给定 j，则查找到此索引结束（不含）。

（2）count() 用于统计给定元素在列表中的出现次数，它的语法如下：

count(x)

它直接返回 x 在列表中出现的次数。

（3）append()、insert() 和 extend()。

1）append() 用于追加对象到列表中，它的语法如下：

append(x)

其中 x 可以是任何对象，它将该对象追加到列表的末尾。

2）insert() 用于插入对象到列表中，它的语法如下：

insert(i, x)

其中 x 可以是任何对象，它将 x 插入到列表的指定索引 i 处，列表中原来索引大于或等于 i 的元素顺序后移。如果 i 超出最后一个元素的索引，则将对象插入到列表的末尾。

3）extend() 用于对列表进行扩充，它的语法如下：

extend(t)

其中 t 为可迭代对象，它将可迭代对象 t 中的元素逐个追加到列表的结尾。对大多数情况来说，s.extend(t) 相当于 s += t，也等价于 s[len(s):len(s)] = t。

注意：append 是将参数整个对象追加到列表的结尾；而 extend 则只能接收可迭代对象，将可迭代对象中的元素逐个追加到列表的结尾。

```
x = [1, 2, 3]
x.append([4, 5])
print(x)
```

输出：

```
[1, 2, 3, [4, 5]]
```

```
x = [1, 2, 3]
x.extend([4, 5])
print(x)
```

输出：

[1, 2, 3, 4, 5]

（4）pop()、remove() 和 clear()。

1）pop() 用于从列表中弹出元素，它的语法如下：

pop([i])

pop() 方法在列表中查找并返回指定索引 i 的元素，同时从列表中删除该元素。如果 i 超出列表的索引范围，则抛出 IndexError 例外。如果未指定参数，则默认为 -1，即检索最后一个元素，并删除。

2）remove() 用于从列表中删除元素，它的语法如下：

remove(x)

remove() 方法删除第一次出现的 x。它查找满足值等于 x 的最小索引 i，并删除该索引位置的元素。如果 x 没有出现在列表中，则抛出 ValueError 例外。

3）clear() 不需要任何参数，它将删除列表的所有元素，即清空列表。

（5）copy() 用于创建列表的复制，它不需要任何参数。对大多数情况来说，s.copy() 和 s[:] 相同。

（6）reverse() 用于对列表进行反转，它不需要任何参数。

```
x = [1, 2, 3]
x.reverse()
print(x)
```

输出：

[3, 2, 1]

（7）sort() 用于对列表进行排序，它的语法如下：

sort(key=None, reverse=False)

这个方法在各个元素之间使用 < 操作符进行比较，按从小到大排序列表。sort() 接收两个只能以关键字传入的参数：

key 指定一个函数，用于从每个列表元素中提取用于排序比较的键。例如，key=str.lower，将列表元素的字符串转换为小写后进行排序；又如，key=len，在计算列表元素长度后进行排序。可以使用自定义函数或 lambda() 函数作为该参数。如果没有指定该参数，则直接将列表元素进行排序。

reverse 是一个布尔值，默认为 False。如果设置为 True，则按从大到小进行排序。

sort() 方法"就地"进行排序，它不会返回任何值，而是直接修改原始列表。如果需要保留原始列表，并返回排好序的新列表实例，可以使用 Python 解释器内建的 sorted() 函数。

```
l = [3, 4, 2, 1]
l.sort()
print(l)
```

输出：

[1, 2, 3, 4]

```
l = [3, 4, 2, 1]
```

```
l.sort(reverse=True)
print(l)
```

输出：

[4, 3, 2, 1]

6. 列表推导式

Python 有一个高级特性称为列表推导式。列表推导式可以使用非常简洁的方式来快速生成满足特定需求的列表，代码具有非常强的可读性。

列表推导式是通过循环自己生成的一个列表。要完全理解列表推导式，需要理解循环。

对于列表推导式，使用列表的定界符——方括号。在方括号内，使用 for 语句遍历可迭代对象，将其中每个元素应用于一个表达式，计算的结果作为列表中的一个元素。列表推导式最简单形式的语法如下：

L=[expression for item in sequence]

在 Python 中，可以为每个列表推导式写出对应的 for 循环。上面的列表推导式实际上等价于：

L=[]

for item in sequence:

　　L.append(expression(item))

表达式可以是任何类型；可以将各种对象放到列表中，包括其他列表，以及对同一对象的多个引用。列表中的项不需要是同一类型。

如下生成一个包括 1 ～ 10 范围内整数的平方值的一个列表。使用列表推导式，代码如下。如果熟悉数学记法的话，这种格式应该和例子很相似：$x^2 : x$ in $\{ 0,1,2,\cdots,10 \}$。这是列表推导式的基本思想。

```
# 给定范围内的平方列表
lst = [x**2 for x in range(0,11)]
lst
[0, 1, 4, 9, 16, 25, 36, 49, 64, 81, 100]
```

还可以添加一个 if 语句过滤掉其中的一些元素。这时，列表推导式的语法如下：

L=[expression for item in sequence if condition]

它等价于：

L=[]

for item in sequence:

　　if condition(inem):

　　　　L.append(expression(item))

```
# 抓取字符串中每个字母
lst = [x for x in 'word']
lst
['w', 'o', 'r', 'd']
# 检查范围内的偶数
lst = [x for x in range(11) if x % 2 == 0]
lst
```

```
[0, 2, 4, 6, 8, 10]
# 转换摄氏度为华氏度
celsius = [0,10,20.1,34.5]
fahrenheit = [((9/5)*temp + 32) for temp in celsius ]
fahrenheit
[32.0, 50.0, 68.18, 94.1]
# 在列表推导式中使用条件表达式，输出奇偶列表
["Even" if i%2==0 else "Odd" for i in range(11)]
['Even', 'Odd', 'Even', 'Odd', 'Even', 'Odd', 'Even', 'Odd', 'Even', 'Odd', 'Even']
# 嵌套列表推导式
lst = [ x**2 for x in [x**2 for x in range(11)]]
lst
[0, 1, 16, 81, 256, 625, 1296, 2401, 4096, 6561, 10000]
```

列表推导式也可以嵌套。下面举一个打印九九乘法表的例子来进行说明。如果使用通常的 for 循环，代码如下：

```
>>> LOUT = []
for i in range(1, 10):
    LIN = []
    for j in range(1,i+1):
        LIN.append(str(j)+"*"+str(i)+"="+str(i*j))
    LOUT.append(LIN)
print(LOUT)
```

但是如果改造成列表推导式，代码如下：

```
[[str(j)+'*'+str(i)+'='+str(i*j) for j in range(1, i+1)] for i in range(1, 10)]
```

当然，不建议写非常长或很复杂的列表推导式。在 Python 编程中，代码可读性至关重要。

7. 列表技巧

（1）在列表上循环。使用 for-in 语句可以很容易在列表的元素上进行循环：

```
for item in L:
    print(item)
```

如果只需要索引，可以使用 range 和 len：

```
for index in range(len(L)):
    print(L(index))
```

如果同时需要索引和项，可以使用 enumerate() 函数：

```
for index, item in enumerate(L):
    print(index, item)
```

for-in 语句维护了一个内部索引，在每个循环迭代期间递增。这意味着如果在循环过程中修改了列表，索引将失去同步，其结果是可以跳过一些项，或多次处理同一项而告终。要解决这个问题，就需要在一个列表复制上执行循环：

```
for object in L[:]:
    if not condition:
        del L[index]
```

此外，可以创建一个新的列表，然后往这个列表中追加元素：

```
out = []
for object in L:
    if condition:
        out.append(object)
```

一种常用的模式是应用一个函数到列表中的每一项，然后将该项替换为函数的返回值：

```
for index, object in enumerate(L):
    L[index] = function(object)
out = []
for object in L:
    out.append(function(object))
```

上面的模式可以使用内置的 map() 函数，或写成列表推导式：

```
out = map(function, L)
out = [function(object) for object in L]
```

对于直接的函数调用，map 方案更有效，因为函数对象只需要取一次。

（2）列表反转。通过切片操作 [::-1] 可以反转列表，这种方法不会修改原列表，而是返回一个新的列表。

```
L = [1, 2, 3, 4]
L[::-1]
```

8. 实验任务：开关灯问题

有编号 1～100 个灯泡，起初所有的灯都是灭的。有 100 个同学来按灯泡开关，如果灯是亮的，那么按过开关之后，灯会灭掉。如果灯是灭的，按过开关之后灯会亮。

现在开始按开关。

第一个同学，把所有的灯泡开关都按一次 (按开关灯的编号：1，2，3，…，100)。

第二个同学，隔一个灯按一次（按开关灯的编号：2，4，6，…，100）。

第三个同学，隔两个灯按一次（按开关灯的编号：3，6，9，…，99）。

…

问题是，在第 100 个同学按过之后，有多少盏灯是亮着的？

样例：

给出 n = 3。

起初，三个灯泡的状态是 [off, off, off]。

第一回合之后，三个灯泡状态是 [on, on, on]。

第二回合之后，三个灯泡状态是 [on, off, on]。

第三回合之后，三个灯泡状态是 [on, off, off]。

所以应该返回 1，因为只有一个灯泡是开着的。

```
import math

N = 100
```

```
# 初始化灯泡列表
L = [False] * N

# 两轮循环
for i in range(1, N+1):            # 外层循环表示第几个同学
    for j in range(1, N//i+1):     # 内层循环表示开第几盏灯
        L[i*j-1] = not L[i*j-1]

# 输出灯泡最终状态列表
print(L)

# 输出亮灯数目
count = 0
for e in L:
    if e:
        count += 1
print(count)
```

5.3.4　元组类型

在 Python 中，元组使用 () 作为定界符，并且用逗号分隔元组中的每个元素。它实现了所有的通用序列操作，这一点和列表类似，因此完全可以从前面学过的列表知识对元组有一个基本的了解。但是和列表最大的不同是，元组是不可变的，这也是元组的应用场景，比如在需要传递一个对象，但要确保它不会发生变化的时候可以使用元组。

1. 创建元组

创建元组是将一组用逗号分隔的值放到小括号内，创建的元组被赋值给一个变量，方便后续使用该元组。如下所示：

T = (expression, ⋯)

实际上是逗号"成就"了元组，而不是括号。括号是可选的，除了两种情况：①空元组；②需要避免语法歧义。

例如，f(a, b, c) 是一个有三个参数的函数调用，而 f((a, b, c)) 则是以一个三元素元组（3-tuple）为唯一参数的函数调用。

```
# 使用一对括号表明是空元组：()
t1 = ()
# 使用拖尾逗号表明单元素（singleton）元组：a, 或 (a,)
t2 = 1,
t3 = (1, )
# 用逗号分隔元素：a, b, c 或 (a, b, c)
t4 = 1, 2
t5 = (1, 2)
print(t1)
print(t2)
print(t3)
print(t4)
print(t5)
```

输出：

```
()
(1,)
(1,)
(1, 2)
(1, 2)
```

2.　元组索引

要访问元组中的一项，需要使用索引操作符（[]）。在元组的名字后，用方括号括起元素的索引，即 L[index]。

索引从 0 开始，必须是整数，不能是浮点数。下列为两种类型的索引方式。

（1）正索引。正索引从 0 开始表示最左边（第一个）项，然后向右遍历。

（2）负索引。负索引从 -1 开始表示最右边（最后一个）项，然后向左遍历。

如果传入一个负的索引，Python 会将该索引加上元组的长度。L[-1] 可以用来访问元组中的最后一项。

在使用索引访问元组元素时，有效索引范围为 [-len(L),len(L)-1]。如果索引值超出元组范围，Python 抛出 IndexError 例外，显示 tuple index out of range 信息。

```
s = ('a', 'b', 'c', 'd', 'e')
print(s[0])
print(s[2])
print(s[4])
print(s[-1])
print(s[-3])
print(s[-5])
```

输出：

```
a
c
e
e
c
a
```

```
print(s[5])
```

输出：

```
-------------------------------------------------------------------
IndexError: tuple index out of range
```

```
print(s[-6])
```

输出：

```
-------------------------------------------------------------------
IndexError: tuple index out of range
```

3.　元组解包

在 Python 中，将多个元素组成序列称为打包（Pack），反之将序列中的元素逐个取出的过程称为解包（Unpack），实际上使用 for 语句循环处理序列中元素也是一种解包。字符串、列表、字典等都支持元组解包。

```
x, y = 1, 2
print(x)
print(y)
```

输出：
1
2

元组解包可用于多元赋值，即同时对多个变量进行赋值。采用多元赋值时，等号两边的对象都是元组并且元组的小括号是可选的。例如，x, y = 1, 2 等同于 (x, y) = (1, 2)，都是将 x 赋值为 1，y 赋值为 2。

多元赋值另一种经常使用的场景是无须中间变量实现变量交换，如以下程序代码：

```
x, y = 1, 2
x, y = y, x
print(x)
print(y)
```

输出：
2
1

这里的关键语句是 x, y = y, x，即将 (y, x) 赋值给 (x, y)，这种赋值方式无须中间变量即交换了变量 x 和 y 的值，那么具体实现机制是什么样的呢？

直观的理解是元组赋值过程从左到右，依次进行。假如 x=1，y=2，先令 x=y，此时 x=2，然后令 y=x，此时 y 应该等于 2？那么就不能实现变量交换了？对于这个问题，应该从元组的特性说起。

变量名 x 和 y 都是引用，在执行 x, y = 1, 2 时，内存开辟出来两个空间分别存储 1 和 2，变量 x 和 y 分别指向这两块地址，如图 5-41 所示。

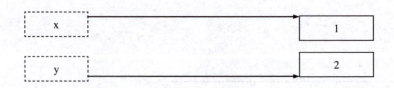

图 5-41　变量指向地址

接下来要执行表达式 x, y = y, x。赋值符号右边，以两个变量构造元组 (y,x)，如图 5-42 所示。它有两个元素，这两个元素并不是 y 和 x 这两个变量，而是它们所指向的地址空间。也就是说元组 (y, x) 其实应该表示为 (2, 1)。

所以对于 x, y = y, x 来说，实际上就相当于 x, y = 2, 1。依照从左到右赋值的方式，即 x=2，y=1，最终实现了变量 x 和 y 的交换，如图 5-43 所示。

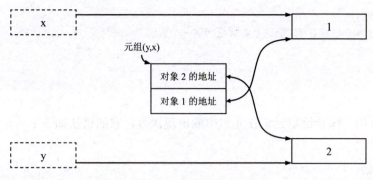

图 5-42　变量构造元组

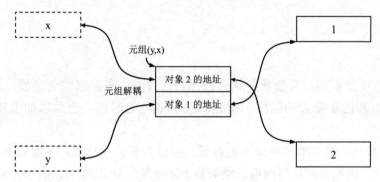

图 5-43　最终实现变量交换

4．修改元组

元组是不可变的。

```
t = (1, 2, 3)
t[0]= 'change'
```

输出：

```
---------------------------------------------------------------------
TypeError                        Traceback (most recent call last)
<ipython-input-1-446858bb31db> in <module>()
    1 t = (1, 2, 3)
----> 2 t[0]= 'change'

TypeError: 'tuple' object does not support item assignment
```

因为这种不可变性，元组不能增长。一旦元组被创建，就不能在其中再添加元组。

5．元组的基本方法

元组也有一些内建方法，但没有列表和字典那么多。

（1）index() 用于在元组中查找元素，它的语法如下：

index(x[, i[, j]])

如果找到的元素，index() 返回 x 在元组中第一次出现的（最小）索引。如果没找到元素，则抛出 ValueError 例外。如果给定 i，则从该索引开始查找（含）；如果给定 j，则查找到此索引结束（不含）。

```
t = (1,2,3,2,4,5,2)
# 在索引 1、3 和 6 处都有 2，但这个函数返回第一个索引
t.index(2)
```

输出：

1

（2）count() 用于统计给定元素在元组中的出现次数，它的语法如下：

count(x)

```
t = (1,2,3,2,4,5,2)
# 在索引 1、3 和 6 处都有 2，一共有三次出现
t.count(2)
```

输出：

3

6. 元组切片

要访问元组中的多项，需要使用切片操作符（L[:]）。在元组的名字后，用方括号括起起始元素的索引和结束元素的索引，即 L[begin:end]，有时候，也可以加上步长，即 L[begin:end:step]。

- step：步长，索引增加或减少的数量。可以为正值或负值，不能为零。正值表示从前向后，负值表示从后向前。绝对值表示步长，默认为 +1，表示方向为从前向后，且步长为 1。
- begin：切片的起始索引。当 step 为正值时，默认为 0；当 step 为负值时，默认为 -1。
- end：切片的结束索引。当 step 为正值时，默认为 len。当 step 为负值时，默认为 -(len+1)。

关于切片，需要记住的关键一点是，索引为 end 的元素不在所选的切片中，它的精确含义是"到，但不包括"。

- [:] 或 [::]：表示整个序列的复制。
- [begin:] 或 [begin::]：从 begin 开始到序列尾部结束的所有元素。
- [:end] 或 [:end:]：从序列头部开始到 end-1 结尾的所有元素。
- [begin:end] 或 [begin:end:]：从 begin 开始到 end-1 结尾的所有元素。
- [::step]：如果 step 为正数，从序列头部开始，到序列尾部结束，向前以 step 为步长取元素；如果 step 为负数，从序列尾部开始，到序列头部结束，向后以 |step| 为步长取元素。
- [begin::step]：如果 step 为正数，从 begin 开始，到序列尾部结束，向前以 step 为步长取元素；如果 step 为负数，从 begin 开始，到序列头部结束，向后以 |step| 为步长取元素。
- [:end:step]：如果 step 为正数，从序列头部开始，到 end-1 结束，向前以 step 为步长取元素；如果 step 为负数，从序列尾部开始，到 end-1 结束，向后以 |step| 为步长取元素。

- [begin:end:step]：如果 step 为正数，从 begin 开始，到 end-1 结束，向前以 step 为步长取元素；如果 step 为负数，从 begin 开始，到 end-1 结束，向后以 |step| 为步长取元素。

```
percentages=(99,95,90,89,93,96)
# 在使用正索引时，从左向右遍历元组
print(percentages[2:4])
# 上面打印从索引 2 到索引 3（4-1）个元素（第 3 项和第 4 项）
print(percentages[:4])
# 上面打印从开始到索引 3 的元素
print(percentages[4:])
# 上面打印从索引 4 到末尾的元素
print(percentages[2:2])
# 注意，上面返回一个空元组
# 在使用负索引时，从右向左遍历元组。
print(percentages[:-2])
# 上面打印从开始，到结尾倒数两个元素之间的所有元素
print(percentages[-2:])
# 上面打印从结尾倒数两个元素，到结尾之间的所有元素
print(percentages[2:-2])
# 上面打印从索引 2，到结尾倒数两个元素之间的所有元素
print(percentages[-2:2])
# 这最后一段代码返回空元组。因为开始是结尾倒数两个元素，结尾是索引 2，开始在结尾之后
# 最后，如果没有给出索引，打印整个元组
print(percentages[:])
```

输出：

(90, 89)

(99, 95, 90, 89)

(93, 96)

()

(99, 95, 90, 89)

(93, 96)

(90, 89)

()

(99, 95, 90, 89, 93, 96)

7. 实验任务：移动轨迹

机器人在一个平面上移动，起始位置为 (0,0)，可以向上、下、左和右四个方向移动指定的步数。移动策略从控制台输入，每行是以空格分隔的方向和步数，以空行结束，如下所示：

UP 5

DOWN 3

LEFT 3

RIGHT 2

编写一个程序，打印一系列移动的轨迹，以及终点和起点之间的距离。

```
x, y = 0, 0

while True:
    command = input("Please input your command (LEFT/RIGHT/UP/DOWN/QUIT):")
    if command == "LEFT":
        x -= 1
    elif command == "RIGHT":
        x += 1
    elif command == "DOWN":
        y -= 1
    elif command == "UP":
        y += 1
    elif command == "QUIT":
        break
    else:
        print("Invalid command!")

print((x, y))
```

5.3.5　字典类型

1.　创建字典

字典用花括号（{}）作为定界符，里面是逗号（,）分隔的键值对，每个键值对用冒号（:）分隔。冒号前面是键，可以是任意可哈希对象；冒号后面是值，可以是任意对象。

创建字典是构造满足上述规则的表达式，创建的字典被赋值给一个变量，方便后续使用该字典。如下所示：

D = {key=value, ⋯}

当花括号内没有任何表达式（即为 {}）时，这就是所谓的空字典。声明一个空字典，然后往字典中追加键值对。

字典的键必须是可哈希对象，因此数值、字符串、元组、不可变集合等都可以作为字典的键。因为浮点数的精度问题，通常不建议浮点数作为字典的键。而列表、字典和集合等都是可变对象，是不可哈希的，因此不能被用作字典的键。字典的值可以是任意对象，包括数值、字符串、列表、字典、元组、集合等。

```
# 使用 {}、, 和 : 构造字典
my_dict = {}
my_dict = {'key1':'value1','key2':'value2'}
my_dict = {'key1':123,'key2':[12,23,33],'key3':['item0','item1','item2']}
```

2.　访问和修改字典

```
# 使用 {}、, 和 : 构造字典
my_dict = {'key1':'value1','key2':'value2'}
my_dict['key2']
'value2'
```

```
my_dict = {'key1':123,'key2':[12,23,33],'key3':['item0','item1','item2']}
my_dict['key3']
['item0', 'item1', 'item2']
d = {1:'a', 2:'b'}
d[1]
'a'
d[3]
```

输出：
```
-----------------------------------------------------------------------
KeyError                      Traceback (most recent call last)
<ipython-input-3-0acadf17a380> in <module>()
----> 1 d[3]
KeyError: 3
d[2] = 'b2'
d[3] = 'c'
d
{1: 'a', 2: 'b2', 3: 'c'}
```

3. 字典的基本方法

（1）keys()、values() 和 items()。可以使用字典的 keys()、values() 和 items() 方法对字典的键、值、键 / 值元组进行遍历。

keys() 返回包含字典中所有键的视图对象。它是一个动态视图，这意味着当字典发生变化时，该视图也随之改变。这个视图支持成员测试，即 in 操作符和 not in 操作符；这个视图对象还是可迭代的，可以生成对应的键，因此可以用在 for 循环中遍历字典的键。

```
d = {'k1':1,'k2':2}
d.keys()
dict_keys(['key1', 'key2', 'key3'])
for k in d.keys():
    print(k)
```

输出：
```
k1
k2
```

values() 返回包含字典中所有值的列表。它是一个动态视图，这意味着当字典发生变化时，该视图也随之改变。这个视图支持成员测试，即 in 操作符和 not in 操作符；这个视图对象还是可迭代的，可以生产对应的值，因此可以用在 for 循环中遍历字典的值。

```
d = {'k1':1,'k2':2}
d.values()
dict_values([1, 2, 3])
for v in d.values():
    print(v)
```

输出：
```
1
2
```

items() 返回包含字典中所有键 / 值元组的列表。它是一个动态视图，这意味着当字典发生变化时，该视图也随之改变。这个视图支持成员测试，即 in 操作符和 not in 操作符；这个视图对象还是可迭代的，可以生产对应的键 / 值元组，因此可以用在 for 循环中遍历字典的键 / 值元组。

```
d = {'k1':1,'k2':2}
d.items()
dict_items([('key1', 1), ('key2', 2), ('key3', 3)])
for item in d.items():
    print(item)
```

输出：

('k1', 1)

('k2', 2)

（2）get() 方法用于获取字典中对应给定键的值，它的语法如下：

get(key[, default])

如果指定键 key 在字典中，返回对应的值；否则，如果有指定默认值 default，返回默认值；如果没有指定默认值，返回 None。因此，get() 不会抛出例外。

这个方法在进行词频统计时特别有效。假设使用 counts 字典来记录每个单词出现的次数。对于找到的每个单词（存在于变量 word 中），它的统计更新可以使用：

counts[word] = count.get(word,0) + 1

这个语句能确保：如果单词没有出现在 counts 字典中，它会为该单词新建一个键，并初始化次数为 1；如果单词已经在 counts 字典中，它会获取该单词的次数，加 1 后保存回字典当中。

（3）pop() 和 popitem() 都用于从字典中弹出一项。

pop() 的语法如下：

pop(key[, default])

如果键 key 在字典中，删除对应项并返回它的值；否则，如果有指定默认值 default，返回默认值；如果没有指定默认值，则抛出 KeyError 例外。

popitem() 不需要任何参数，它从字典中删除并返回一个键 / 值对。如果字典为空，则抛出 KeyError 例外。

（4）clear() 用于从字典中删除所有项，即清空字典。

（5）copy() 用于创建字典的复制，它不需要任何参数。

（6）setdefault()。如果键在字典中，返回它的值；如果不在，则插入键和 default 的值（默认为 None），并返回 default。

（7）update() 用于更新字典，它的语法如下：

update([other])

update() 接收一个字典对象或一个键 / 值元组的可迭代对象，并对字典进行更新。如果键存在的话，则覆写对应的值。update() 也可以接收多个关键字参数，这时将它们看作键 / 值对来更新字典，例如 d.update(red=1, blue=2)。

4. 字典推导式

就像列表推导式一样，字典也支持通过推导式快速构造字典。字典推导式的语法如下：

D = {expression1:expression2 for item in sequence}

D = {expression1:expression2 for item in sequence if condition}

```
{x:x**2 for x in range(10)}
```

输出：

{0: 0, 1: 1, 2: 4, 3: 9, 4: 16, 5: 25, 6: 36, 7: 49, 8: 64, 9: 81}

字典推导式并没有列表推导式使用广泛，其主要原因是很难构造不是基于值的键名。

5. 字典技巧

字典不是序列类型，它的键是无序的。如果要将一个字典根据键排序来输出，一种方法是先将它转化为键、值两元素元组的列表，然后根据元组的第一个元素来输出。如下所示：

```
d = {"shanghai": 34, "beijing": 46, "guangdong": 35}
l = list(d.items())
l.sort(key = lambda x:x[0],reverse = False)
for e in l:
    print('{}:{}'.format(e[0],e[1]))
```

输出：

beijing:46
guangdong:35
shanghai:34

对字典进行循环：

```
d = {'k1':1,'k2':2,'k3':3}
for item in d:
    print(item)
```

输出：

k1
k2
k3

对字典的键进行循环：

```
knights = {'gallahad': 'the pure', 'robin': 'the brave'}
for k in knights.keys():
    print(k, knights[k])
```

输出：

gallahad the pure
robin the brave

对字典的值进行循环：

```
knights = {'gallahad': 'the pure', 'robin': 'the brave'}
for v in knights.values():
    print(v)
```

输出：

the pure

the brave

在字典上循环时，可以使用 items() 方法同时检索键和对应的值：

```
>>> knights = {'gallahad': 'the pure', 'robin': 'the brave'}
>>> for k, v in knights.items():
...     print(k, v)
...
```

输出：

gallahad the pure

robin the brave

字典是没有排序的，因此 keys 和 values 返回任意顺序。可以使用 sorted() 获取排序列表。

```
sorted(d.values())
```

输出：

[1, 2, 3]

6. 实验任务：字符点阵显示

编写一个函数，传入一个字母，返回其 5×5 的表示，效果如图 5-44 所示。

图 5-44　字符点阵显示

提示：考虑生产一个可能的模式词典，映射字母表到对应的 5 行模式组合。

```
def print_big(letter):
    patterns = {1:'  *  ',2:' * * ',3:'*   *',4:'*****',5:'****',6:'   * ',7:'*    ',8:'*   *',9:'*   '}
    alphabet = {'A':[1,2,4,3,3],'B':[5,3,5,3,5],'C':[4,9,9,9,4],'D':[5,3,3,3,5],'E':[4,9,4,9,4]}
    for pattern in alphabet[letter.upper()]:
        print(patterns[pattern])
print_big('a')
```

5.4　Python 程序结构

5.4.1　顺序结构

在 Python 中，问题的求解严格遵循顺序流程。一般来说，一个问题求解的流程是输入、计算、输出。

顺序结构是流程控制中最简单的结构。该结构的特点是按照语句的先后顺序依次执行，每条语句只执行一次。

```
radius = 10
area = 3.14 * radius * radius
print(area)
```

输出：

314.0

如果违反上述顺序，则程序将报错。

5.4.2　选择结构

1. 单分支结构

单分支结构只用到 if，语法如图 5-45 所示，流程图如图 5-46 所示。

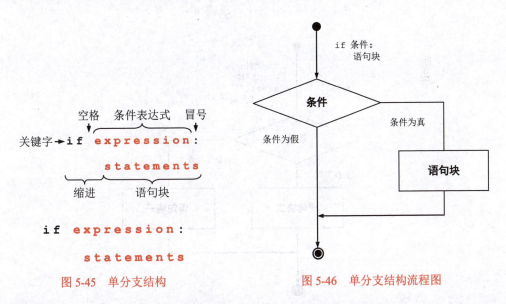

图 5-45　单分支结构　　　　图 5-46　单分支结构流程图

在单分支结构中，如果条件表达式 expression 的真值测试为真，则执行语句块 statements；否则，跳过。

在这里，expression 是一个表达式。因为分支结构判断的条件是真假，Python 解释器在这里会进行一个隐式转换，使用内建的 bool() 函数将表达式的结果转换为布尔值 True 或 False，也被称为真值测试。

```
if True:
    print('It was true!')
```

输出：

It was true!

2. 双分支结构

双分支结构使用 if-else，语法如图 5-47 所示，流程图如图 5-48 所示。

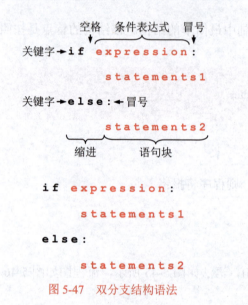

图 5-47　双分支结构语法

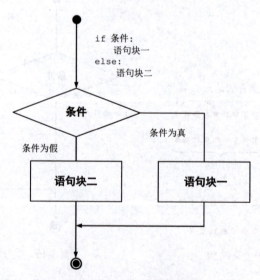

图 5-48　双分支结构流程图

在双分支结构中，如果条件表达式 expression 的真值测试为真，则先执行语句块 statements1；否则，执行语句块 statements2。

尽管双分支结构可以使用两个单分支结构实现（只需要将 else 换成 if not expression），但使用双分支结构的程序可读性更强。

3. 多分支结构

多分支结构使用 if-elif-else，语法如图 5-49 所示，流程图如图 5-50 所示。

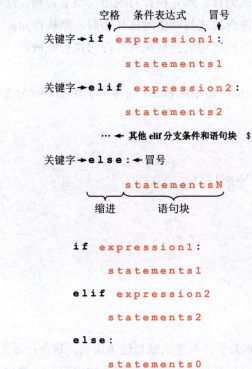

```
if expression1:
    statements1
elif expression2:
    statements2
else:
    statements0
```

图 5-49　多分支结构语法

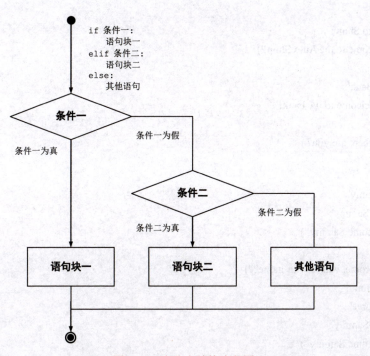

图 5-50　多分支结构流程图

在多分支结构中，在使用 else 结束分支条件之前，可以使用任意数目的 elif 语句，这就是图 5-49 中省略号的含义。多分支结构顺序对 if 和 elif 的各个条件表达式进行真值测试。如果某个条件表达式的真值测试为真，则先执行对应语句块；否则，继续对下一个条件表达式进行真值测试。如果所有条件表达式的真值测试都为假，则执行 else 下的其他语句块。在多分支结构中，只有一个分支下的语句块会被执行，在它执行完成后，会从分支结构后面的语句继续执行。

当然，也可以只用 if 和 elif，而不用 else。它等价于加上 else 分支，并在分支下写上 pass 占位语句。

```
loc = 'Bank'
if loc == 'Auto Shop':
    print('Welcome to the Auto Shop!')
elif loc == 'Bank':
    print('Welcome to the bank!')
else:
    print('Where are you?')
```

输出：
Welcome to the bank!

4. 分支嵌套

if 语句允许嵌套，但除非必要，不建议嵌套过多层次，这会严重影响程序代码的可读性。

事实上，多分支结构也可以使用嵌套的双分支结构来编写。例如上面的多分支结构，等价于下面的双分支结构，但可读性明显要差很多。

```
loc = 'Bank'
if loc == 'Auto Shop':
    print('Welcome to the Auto Shop!')
else:
    if loc == 'Bank':
        print('Welcome to the bank!')
    else:
        print('Where are you?')
```

另一个例子：

```
person = 'Sammy'
if person == 'Sammy':
    print('Welcome Sammy!')
else:
    print("Welcome, what's your name?")
Welcome Sammy!
person = 'George'
if person == 'Sammy':
    print('Welcome Sammy!')
elif person =='George':
```

```
    print('Welcome George!')
else:
    print("Welcome, what's your name?")
```

输出：

Welcome George!

5. 实验任务：等第级别

编写一个程序，输入考试成绩，输出对应的等第级别，规则如下：

（1）90 分以上（含）为"优"。

（2）80 分以上（含）为"良"。

（3）70 分以上（含）为"中"。

（4）60 分以上（含）为"及格"。

（5）小于 60 分为"不及格"。

```
score = int(input("score:"))
if score >= 90:
    print (" 优 ")
elif score >= 80:
    print (" 良 ")
elif score >= 70:
    print (" 中 ")
elif score >= 60:
    print (" 及格 ")
else:
    print (" 不及格 ")
```

5.4.3　循环结构

1. 条件循环结构

如果需解决问题：对多个字符串进行反序输出。要求字符串从控制台输入，每行输入一个字符串，用空行表示输入结束。

这个问题的求解思路：①首先从控制台接收单词；②如果输入为空，就可以进行反序处理；如果输入不为空，就再次从控制台接收单词；③回到第二步继续处理。

这里的"回到…继续处理"体现了 Python 编程中循环的思想。之所以被称为"循环"，使用关键字 while，是因为它们持续反复执行一段代码，直到某个条件不再满足。

while 语句用于重复执行一段代码，只要表达式为真。其语法如图 5-51 所示。

重复对表达式 expression 进行真值测试，如果为真，执行语句块 statements1；如果表达式 expression 为假（可能出现在第一次真值测试时），则终止循环。在循环终止前，如果有可选的 else 语句，则执行其下的语句块 statements2。

while 语句流程图如图 5-52 所示。

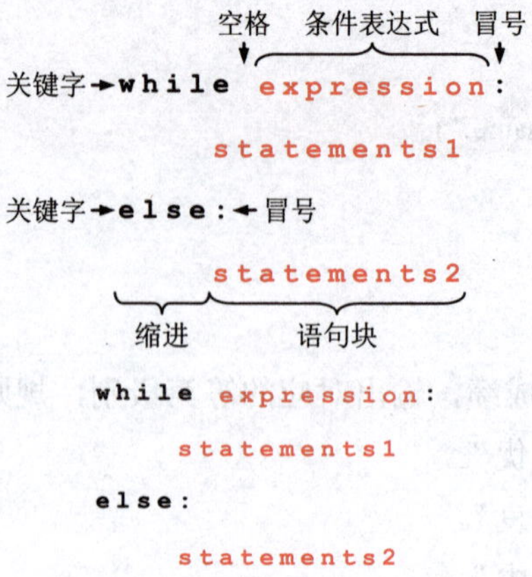

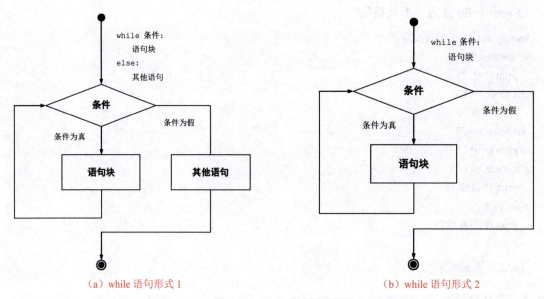

图 5-51　while 语句的语法

图 5-52　while 语句流程图

（a）while 语句形式 1　　　　　（b）while 语句形式 2

如下文例子：

输入一个整数 n，将 0 ～ n（包括 n）的所有偶数以列表形式输出。

```
x = 0
while x < 5:
    print('x is currently: ',x)
    print(' x is still less than 5, adding 1 to x')
    x+=1
else:
print('All Done!')
```

输出：

x is currently: 0

 x is still less than 5, adding 1 to x

x is currently: 1

 x is still less than 5, adding 1 to x

x is currently: 2
  x is still less than 5, adding 1 to x
x is currently: 3
  x is still less than 5, adding 1 to x
x is currently: 4
  x is still less than 5, adding 1 to x
All Done!

用键盘输入，直到出现回车符时结束。

```
L = []
word = input(" 输入单词（直接回车结束输入）: ")
while word:
    L.append(word)
word = input(" 继续输入（直接回车结束输入）: ")
```

2. 迭代循环结构

Python 中有各种序列对象。对于序列中的每个元素，持续执行某种操作，这也是一种"循环"，要使用 for 关键字。循环的条件：序列中的元素处理完成。while 循环适用于未知循环次数的循环，for 循环适用于已知循环次数的循环。

for 语句的语法如图 5-53 所示。

```
for item in sequence:
    statements1
else:
    statements2
```

图 5-53　for 语句的语法

for 与 in 共同组成 for 循环。for 循环从序列 sequence 中依次取元素，将取到的对象保存在变量 item 中，然后执行语句块 statement1，直到取完序列中最后一个元素时终止循环。在循环终止前，如果有可选的 else 语句，则执行其下的语句块 statements2。for 语句流程图如图 5-54 所示。

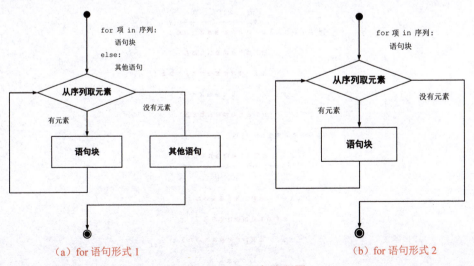

（a）for 语句形式 1　　　　　　　　　（b）for 语句形式 2

图 5-54　for 语句流程图

如下例：

```
for i in [0, 1, 2, 3, 4, 5, 6, 7, 8, 9]:
    print(i)
```

```
print('------------ 分隔符 --------------')
for i in range(10):
    print(i)
print('------------ 分隔符 --------------')
for i in range(10):
    print(' 指定循环打印 10 次 ')
```

for 和 range()、len() 函数一起使用，可以用于遍历序列得到元素的索引：

```
>>> a = ['Mary', 'had', 'a', 'little', 'lamb']
>>> for i in range(len(a)):
...     print(i, a[i])
...
```

输出：

```
0 Mary
1 had
2 a
3 little
4 lamb
```

3. 循环控制

可以在 while 循环语句中使用 break、continue 语句。

● break：退出当前最近的循环。

● continue：结束本次循环，继续下一轮循环。

break 和 continue 语句可以出现在循环体中的任何位置，通常将它们和 if…elif…else 一起使用，放到再缩进的一层代码中，从而起到基于某种条件进行循环控制的目的。

break 语句结构包含它的循环，它的语法如图 5-55 所示。

图 5-55　含 beak 语句的语法

如果执行到语句块 expression1 中的 break 语句，则直接终止循环，这种情况下不会执行
else 下面的语句块 statement2。循环控制流程图（break）如图 5-56 所示。

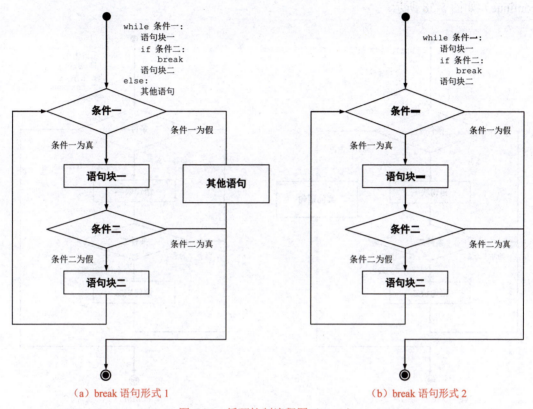

（a）break 语句形式 1   （b）break 语句形式 2

图 5-56　循环控制流程图（break）

continue 语句用于跳过循环内的剩余代码，它的语法如图 5-57 所示。

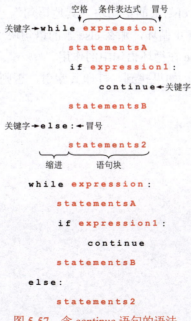

图 5-57　含 continue 语句的语法

如果执行到语句块中 expression1 中的 statementsB 语句，则跳过语句块 statementA 中剩下的部分，开始下一轮循环，即重新对表达式 expression 进行真值测试。循环控制流程图（continue）如图 5-58 所示。

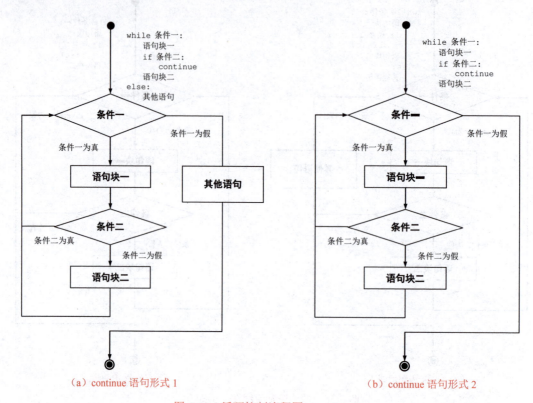

（a）continue 语句形式 1　　　　　　　　　　（b）continue 语句形式 2

图 5-58　循环控制流程图（continue）

while 循环可以有一个可选的 else 分支。在表达式 expression 真值测试为假（可能出现在第一次真值测试时）时，执行 else 下的语句块"其他语句"。如果是因为在语句块一中执行到 break 语句，或抛出例外而终止循环，那么 else 下的语句块"其他语句"不会被执行。

通过下面的例子来理解 else 在循环语句中的作用。

假设在队列中查找一个数，如果找到，打印其索引，否则打印 Target not found。常规的编程如下：

```
l = [2, 3, 5, 7, 11, 13, 17, 19, 23, 29]
target = eval(input())
x = 0
found = False
while x < len(l):
    if l[x] == target:
        found = True
        break
    x += 1
if found:
    print(x)
```

```
else:
    print("Target not found")
```

该程序为了区分遍历完列表中的所有元素退出循环、在列表中找到目标元素退出循环两种情况，特别引入了 found 这个标志变量。实际上，在这种情况下，使用 else 语句，代码要更简洁一些：没有 else 语句的话，需要设置一个标志，然后在后面对其检测，以此确定是否存在满足条件的值。

```
l = [2, 3, 5, 7, 11, 13, 17, 19, 23, 29]
target = eval(input())
x = 0
while x < len(l):
    if l[x] == target:
        print(x)
        break
    x += 1
else:
    print("Target not found")
```

同 while 语句一样，break 和 continue 语句也可以用在 for 循环中。break 和 continue 语句可以出现在循环体的任何位置，通常将它们和 if…elif…else 一起使用，放到再缩进的一层代码中，从而起到基于某种条件进行循环控制的目的。

以输出 range(5) 范围内的整数为例，正常情况下输出 01234。

```
for i in range(5):
    print(i, end=")
```

输出：

01234

有了 break 后可以停止并跳出整个循环。

```
for i in range(5):
    if i == 2:
        break
    print(i, end=")
```

输出：

01

当循环执行到 i == 2 的时候，if 条件成立，触发 break，整个循环停止。因此，程序只能输出 01。

在循环的某一次执行中，如果遇到 continue，那么跳过这一次执行，进行下一次循环。

```
for i in range(5):
    if i == 2:
        continue
    print(i, end=")
```

输出：

0134

当循环执行到 i == 2 的时候，if 条件成立，触发 continue，跳过本次执行（不执行 print），继续进行下一次执行（i = 3）。因此，程序输出为 0134。

4. 循环技巧

（1）for 与 while 循环转换。for 循环和 while 循环，两者的相同点在于都能循环进行一件重复的事情；不同点在于，for 循环是在序列穷尽时停止，while 循环是在条件不成立时停止。while 循环与 for 循环可以互相转换，在序列上进行循环时，使用 for 更简单。

```
numbers = [1, 2, 3, 4, 5, 6, 7]
# while 循环实现累加
total = 0
i = 0
while i < 7:
    total += numbers[i]
    i += 1
print(total)
# for 循环实现累加
total = 0
for number in numbers:
    total += number
print(total)
```

（2）在序列对象上循环。

```
s = "hello"
for e in s:
    print(e, end=" ")
h e l l o
l = [1, 2, 3, 4, 5]
for e in l:
    print(e, end=" ")
1 2 3 4 5
t = (1,2,3,4,5)
for e in t:
    print(e, end=" ")
```

输出：
1 2 3 4 5

（3）在循环时对序列元素进行解包。如果序列的对象还是序列，则在循环时可以同时对序列元素进行解包。

```
l = [(2,4),(6,8),(10,12)]
for t in l:
    print(t)
(2, 4)
(6, 8)
(10, 12)
# 现在配合解包！
```

```
for (t1,t2) in l:
    print(t1)
```

输出：

```
2
6
10
```

（4）循环处理字典键值。在字典上循环时，可以使用 items() 方法同时检索键和对应的值。

```
>>> knights = {'gallahad': 'the pure', 'robin': 'the brave'}
>>> for k, v in knights.items():
...     print(k, v)
...
```

输出：

```
gallahad the pure
robin the brave
```

（5）循环处理序列索引。在序列上循环时，可以使用 enumerate() 函数同时检索正索引和对应的值。

```
>>> for i, v in enumerate(['tic', 'tac', 'toe']):
...     print(i, v)
...
```

输出：

```
0 tic
1 tac
2 toe
```

（6）循环处理多个序列。要同时循环两个或多个序列，可以使用 zip() 函数将这些序列中的项打包成元组。

```
>>> questions = ['name', 'quest', 'favorite color']
>>> answers = ['lancelot', 'the holy grail', 'blue']
>>> for q, a in zip(questions, answers):
...     print('What is your {0}?  It is {1}.'.format(q, a))
...
```

输出：

```
What is your name?  It is lancelot.
What is your quest?  It is the holy grail.
What is your favorite color?  It is blue.
```

（7）反向循环处理序列。要反向在序列上循环，首先正向给出序列，然后调用 reversed() 函数。

```
>>> for i in reversed(range(1, 10, 2)):
...     print(i)
...
```

输出：

9

7

5

3

1

（8）排序循环处理序列。要对排序序列进行循环，使用 sorted() 函数，它返回一个排序序列，保留原始序列不动。

```
>>> basket = ['apple', 'orange', 'pear', 'banana']
>>> for f in sorted(basket):
...     print(f)
...
```

输出：

apple

banana

orange

pear

（9）循环处理变化序列。有时候需要在循环过程中修改序列，这种情况下创建一个序列复制更加简便安全。

```
>>> import math
>>> raw_data = [56.2, float('NaN'), 51.7, 55.3, 52.5, float('NaN'), 47.8]
>>> filtered_data = []
>>> for value in raw_data:
...     if not math.isnan(value):
...         filtered_data.append(value)
...
>>> filtered_data
```

输出：

[56.2, 51.7, 55.3, 52.5, 47.8]

5. 实验任务：猜数游戏

编写程序随机生成一个 1 ~ 10 的数字，让用户来猜，当猜错时，会提示猜的数字是大还是小了，直到用户猜对为止。

使用 while 循环来完成猜数游戏。

```
import random
target = random.randint(0, 10)
count = 0
while True:
    count += 1
    print(" 轮数：%d" % count)
    i_num = int(input(" 请输入你选择的值："))
```

```
    if i_num < target:
        print(" 你输入的值太小，请重试！ ")
    elif i_num > target:
        print(" 你输入的值太大，请重试！ ")
    else:
        print(" 恭喜！你猜对了。")
        break
    print()
print(" 目标值是 %d，轮数是 %d" % (target, count))
```

6. 实验任务：换钱计划

一位百万富翁遇到一位陌生人，陌生人找他谈一个换钱计划，该计划如下：

我每天给你 10 万元，而你第一天只需给我 1 元钱，第二天我仍给你 10 万元，你给我 2 元钱，第三天我仍给你 10 万元，你给我 4 元钱……你每天给的钱是前一天的两倍，直到第 n 天，百万富翁很高兴，欣然接受了这个契约。

现在请你计算到第 30 天，百万富翁每天给了陌生人多少钱，陌生人每天给了百万富翁多少钱。

使用 for 循环来完成换钱计划。

```
m1 = 0    # 陌生人给富翁的钱
m2 = 0    # 富翁给陌生人的钱

money=1

for i in range(30):

    m1 += 100000
    m2 += money
    money *= 2

    print(" 第 %2d 天后，陌生人给富翁的钱为：\t" % i, m1)
    print("        富翁给陌生人的钱为：\t", m2)
    print()
```

5.5　例外抛出与捕获

Python 例外处理

5.5.1　错误和例外

Python 程序一旦遇到错误会立刻终止。在 Python 中，有不同类型的错误。语法错误发生在解析器检测到不正确的语句时。语法错误是致命的，除非修正，否则程序无法执行。示例如下：

```
print('Hello)
  File "<ipython-input-1-db8c9988558c>", line 1
```

```
print('Hello)
         ^
```

输出：

SyntaxError: EOL while scanning string literal

这里向上的箭头表明解析器碰到了语法错误。详细的描述说明这是在扫描字符串常量时出现行尾错误。这些信息足以提醒字符串后面少了一个引号。理解这些不同的错误类型将有助于更快地调试代码。

即使语句或表达式语法上没问题，也可能在尝试执行过程中产生错误。程序过程中检测到的错误并非绝对致命。实际上，编写的程序必须具有一定的健壮性，在执行过程发生错误的情况下也能够继续。因此，Python 引入了例外的概念，在这种错误发生时，产生一个可以被处理的例外，从而避免了程序崩溃。

5.5.2　自定义例外

Python 提供了丰富的标准例外供使用。

（1）ArithmeticError。它在算术运算时被抛出，是所有算术例外的基类，例如 OverflowError、ZeroDivisionError、FloatingPointError。

（2）ImportError。该例外表示试图导入一个不存在的模块。这可能出现在输错了模块名，或模块在标准路径下不存在的情况。

（3）IndexError。该例外表示引用超出序列范围的一个元素。例如，列表中只有三项（索引分别为 0、1 和 2），却试图获取索引为 3 的元素。

（4）KeyError。当字典中没有这个关键字时，抛出此例外。

在 Python 中，Exception 是所有例外的基类。同时，使用者也可以创建自定义例外。要创建自己的例外，需要定义一个新的类，这个例外类必须直接或间接继承自 Exception 类。

```
class MyException(Exception):
    pass
```

5.5.3　抛出例外

使用关键字 raise，可以手动抛出一个例外。raise 语句的语法如下：

raise [Exception [, args [, traceback]]]

在这里，Exception 是例外的类型（例如 NameError），而 args 是例外参数的值。这个参数是可选的，如果没有给定，则例外参数为 None。

5.5.4　捕获和处理例外

在 Python 中，用于处理错误的基本术语和语法是 try 和 except 语句。可能导致例外出现的代码放在 try 语句块中，而例外的处理则在 except 语句块中实现。语法如下：

try:

　要运行的代码…

except ExceptionI as e1:

　　如果出现例外 ExceptionI，则执行这个语句块。

except ExceptionII as e2:

　　如果出现例外 ExceptionII，则执行这个语句块。

…

else:

　　如果没有发生例外，则执行这个语句块。

finally:

　　不管前面有没有遇到例外，都执行这个语句块。

该种 Python 例外处理语法的规则如下。

（1）执行 try 下的语句，如果引发例外，则执行过程会跳到第一个 except 语句。

（2）如果第一个 except 中定义的例外与引发的例外匹配，则执行该 except 中的语句。

（3）如果引发的例外不匹配第一个 except，则会搜索第二个 except，允许编写的 except 的数量没有限制。

（4）如果所有的 except 都不匹配，则例外会传递到下一个调用本代码的最高层 try 代码中。

（5）如果没有发生例外，则执行 else 块代码。

（6）不管是否有例外发生，都会执行 finally 中的语句块。

这里需要注意的是 else 语句，里面保存没有触发例外的时候执行的一些代码，而且它会在 finally 语句之前执行。

5.5.5　实验任务：使用例外重写猜数程序

随机生成一个目标值保存在 target 变量中，并定义一个 guess() 函数，在其中调用 input() 函数从键盘接收输入，这时可能出现两个系统例外：在输入错误时产生 ValueError 例外；在用户中断时产生 KeyboardInterrupt 例外。同时把猜错的情况也当成例外处理，并为此定义了 ValueTooSmallError 和 ValueTooLargeError。

主程序流程中有一个无限 while 循环，并将 guess() 函数放在 try 从句中，并处理三种例外。

（1）ValueError 例外。

（2）ValueTooSmallError 例外。

（3）ValueTooLargeError 例外。

出现上述三种情况时，都认为用户有过一次错误的猜测，因此累加计数器 count 并打印。

如果 guess() 函数执行时没有报例外，说明用户进行了成功的猜测，这时候应该退出循环，在此之前也应该累加计数器 count 并打印。退出循环后，打印最终的游戏信息。

在程序中，没有捕获和处理 KeyboardInterrupt 例外，这是因为允许用户随时按下 Ctrl+C 快捷键来中断程序的运行。

```python
import random
class ValueTooSmallError(Exception):
    """ 当输入值小于目标值时抛出此例外 """
```

```python
class ValueTooLargeError(Exception):
    """ 当输入值大于目标值时抛出此例外 """
target = random.randint(0, 10)
def guess():
    i_num = int(input(" 请输入你选择的值："))
    if i_num < target:
        raise ValueTooSmallError
    elif i_num > target:
        raise ValueTooLargeError
count = 0
while True:
    try:
        guess()
    except ValueTooSmallError:
        print(" 你输入的值太小，请重试！")
    except ValueTooLargeError:
        print(" 你输入的值太大，请重试！")
    except ValueError:
        print(" 输入值错误，请重试！")
    else:
        break
    finally:
        count += 1
        print(" 轮数：%d" % count)
        print()
print(" 恭喜！你猜对了。目标值是 %d，轮数是 %d" % (target, count))
```

5.6　函数定义与调用

Python 函数定义到调用

5.6.1　函数定义

函数的形式如图 5-59 所示。

以 def 开始，在空格后跟上函数名。记得取一个相关的名字，但是不用使用 Python 内建的函数名。

```
             空格                              形式参数        冒号
    def function_name(arg_1,arg_2):
函      '''docstring'''◄文档字符串
数
定  缩进 statments◄语句块
义
    return expression◄表达式
```

图 5-59　函数的形式

接下来是一对括号，里面是用逗号分隔的一组参数。这些参数是函数的输入。可以在函数中使用这些参数，最后放上一个冒号。

接下来，增加缩进，编写函数体的内容。

最后，减少缩进，完成这个函数的定义。

示例 1：一个简单的打印 hello 函数。

```
def say_hello():
    print('hello')
```

示例 2：一个简单的问候函数。

```
def greeting(name):
    print('Hello %s' %(name))
greeting('Jose')
```

下文为使用 return 语句的例子。return 允许函数返回结果存于变量中。

```
# 求和函数
def add_num(num1,num2):
    return num1+num2
```

5.6.2　函数调用

函数定义的目的是需要在程序的其他地方中被调用。调用函数时，需要使用函数名。如果不需要参数，可以直接在函数名后加上括号 ()；否则需要将参数放在括号内，必要时以逗号分隔。如果函数有返回值，可以将返回值赋给某个变量，以便后续使用。函数调用如图 5-60 所示。

图 5-60　函数调用

```
say_hello()
greeting('Jose')
result = add_num(4,5)
print(result)
```

5.6.3　返回函数

函数定义时，可以不指定任何参数，形式如图 5-61 所示。

```
def func():
    statments

func()
```

图 5-61　不指定参数

这是最简单的函数定义，在函数调用时，也无须传入参数，直接使用 func() 即可。

函数定义时，也可以指定参数，这些参数被称为形式参数（formal parameter），形式如图 5-62 所示。

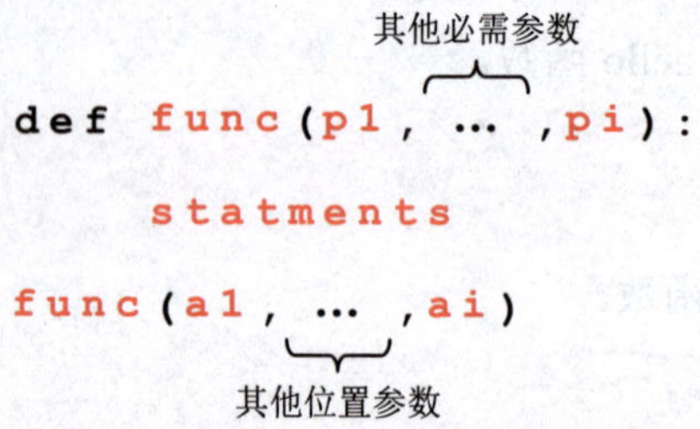

其他必需参数

```
def func(p1, ... ,pi):
    statments
func(a1, ... ,ai)
```

其他位置参数

图 5-62　指定参数

与此相对应，在函数调用时传入的值被称为实际参数（actural argument）。

对于上面的情况，函数调用时的实际参数与函数定义时的形式参数必须按顺序一一对应，例如 a_1 对应 p_1、…、a_i 对应 p_i 等等。

如果实际参数个数少于形式参数个数，则会抛出 TypeError，显示"missing # required positional argument(s)"信息。

```
def func(arg1, arg2):
    print(arg1, arg2)
# 实际参数个数少于形式参数个数
func(1)
```

输出：

```
---------------------------------------------------------------------------
TypeError                       Traceback (most recent call last)
<ipython-input-6-4c888971fed1> in <module>()
      1 def func(arg1, arg2):
      2     pass
----> 3 func(1)
TypeError: func() missing 1 required positional argument: 'arg2'
```

如果实际参数个数多于形式参数个数，则会抛出 TypeError，显示"takes # positional argument(s) but # were given"信息。

```
def func(arg1, arg2):
    print(arg1, arg2)
# 实际参数个数多于形式参数个数
func(1, 2, 3)
```

输出：

```
---------------------------------------------------------------------------
TypeError                       Traceback (most recent call last)
<ipython-input-8-aa78c768a989> in <module>()
      1 def func(arg1, arg2):
      2     pass
----> 3 func(1, 2, 3)
TypeError: func() takes 2 positional arguments but 3 were given
```

针对上面的函数定义，在函数调用时必须为每个形式参数传入对应的实际参数。也可以在函数定义时使用 name=value 的形式为某些参数给定默认值，这些参数被称为默认参数（default parameter），由于在定义时赋了默认值，在调用时就不强制为该参数传入值，因此也被称为可选参数（optional parameter）。与此相对应，仅给定 name 形式的参数称为非默认参数（non-default parameter），也被称为必需参数（required parameter）。包含非默认参数和默认参数的函数定义形式如图 5-63 所示。

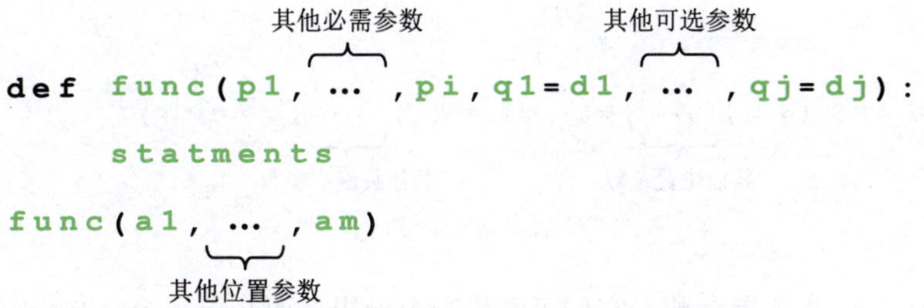

图 5-63　包含非默认参数和默认参数

非默认参数只有一个名字，后面没有跟着等号（=）和默认值。

默认参数在名字后面跟上等号（=）和一个表达式，并给出了默认值。

如果函数同时具有非默认参数和默认参数，则所有非默认参数必须在默认参数的前面，否则将抛出 SyntaxError 例外，显示 "non-default argument follows default argument" 信息。

```
def func(arg1="d1", arg2, arg3="d3"):
  print(arg1, arg2, arg3)
 File "<ipython-input-14-9aa3846f70e5>", line 1
  def func(arg1="d1", arg2, arg3="d3"):
     ^
```

输出：

SyntaxError: non-default argument follows default argument

针对上面形式的函数定义，对应的函数调用可以给定从 i 到 i+j 之间个数的实际参数。实际参数和形式参数按顺序一一对应，假设给定 m=i+k（$0 \leqslant k \leqslant j$）个实际参数，则 a_1 对应 p_1，…，a_i 对应 p_i，a_{i+1} 对应 q_1，…，a_{i+k} 对应 p_k，其他多余的形式参数 p_{k+1}，…，p_j 则使用函数定义时计算得到的默认值。

```
def func(arg1, arg2="d2", arg3="d3"):
  print(arg1, arg2, arg3)
func(1)
func(1, 2)
func(1, 2, 3)
```

输出：

1 d2 d3

1 2 d3

1 2 3

函数调用时的实际参数与函数定义时的形式参数必须按顺序一一对应，函数调用时按这种方式给定的实际参数也叫位置参数（positional argument）。实际上，除了位置参数，在函数调用时还可以有另外一种给定参数的方式，即 name=value，叫作关键字参数（keyword argument）。并且，关键字参数可以和位置参数混合使用（图 5-64）。

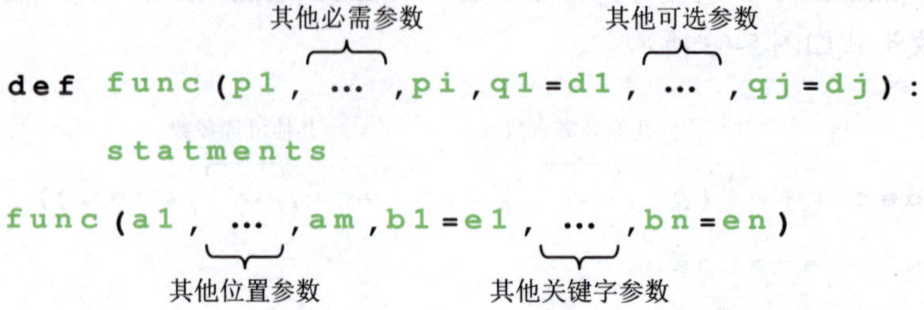

```
                其他必需参数              其他可选参数
                   ⌒                      ⌒
def func(p1, ... ,pi,q1=d1, ... ,qj=dj):
    statments
func(a1, ... ,am,b1=e1, ... ,bn=en)
              ⌣                    ⌣
          其他位置参数          其他关键字参数
```

图 5-64　关键字参数

其中 a_1，…，a_m 为位置参数，它们可看作一个元组；而 $b_1=e_1$，…，$b_n=e_n$ 为关键字参数，它们可看作一个字典。位置参数必须按顺序给定，而关键字参数的位置则可以灵活变换。

```python
def func(arg1, arg2, arg3):
print(arg1, arg2, arg3)
# 关键字参数位置可以灵活变换
func(1, arg3=2, arg2=3)
```

输出：

1 3 2

Python 不能接受位置参数放在关键字参数之后，否则将抛出 SyntaxError 例外，显示 "positional argument follows keyword argument" 信息。

```python
def func(arg1, arg2="d2", arg3="d3"):
print(arg1, arg2, arg3)
# 位置参数放在关键字参数后面
func(1, arg2=2, 3)
  File "<ipython-input-2-9546e764dd2a>", line 3
    func(1, arg2=2, 3)
        ^
```

输出：

SyntaxError: positional argument follows keyword argument

如果存在关键字参数，它们首先如下转换为位置参数。首先为形式参数创建一个未填充槽位列表。如果有 m 个位置参数，它们被放在前面 m 个槽位。接下来，对于每个关键字参数，标识符被用于确定对应的槽位（如果标识符和第一个形式参数的名称相同，则使用第一个槽位…）如果这个槽位已经被填充，则抛出 TypeError 例外。否则，参数值被放在这个槽位（即使表达式为 None，也填充这个槽位）。在所有参数被处理完成后，还没有填充的槽位用函数定义时给定的默认值填充。如果还有没填充的操作，则抛出 TypeError 例外。否则，已经填充的槽位列表被用于调用的参数列表。

```
def func(arg1, arg2, arg3="d3"):
    print(arg1, arg2, arg3)
# 关键字参数 arg2=3 重复赋值给已经通过位置参数赋值的形参 arg2
func(1, 2, arg2=3)
```

输出：

```
---------------------------------------------------------------------------
TypeError                    Traceback (most recent call last)
<ipython-input-3-b0fca51b3bed> in <module>()
    1 def func(arg1, arg2="d2", arg3="d3"):
    2     print(arg1, arg2, arg3)
----> 3 func(1, 2, arg2=3)
TypeError: func() got multiple values for argument 'arg2'
```

如下文一个简单的函数：

```
def max(arg1, arg2):
    return arg1 if arg1 >= arg2 else arg2
max(40,60)
```

输出：
60

这个函数返回传入的两个数值中的最大值。在这个例子中，函数定义了两个必需参数，函数调用时给出了两个位置参数。实际参数 40 被传递给形式参数 arg1，实际参数 60 被传递给形式参数 arg2。由于函数实现的通过条件为表达式返回 arg1 和 arg2 之间的较大者，所以程序输出为 60。

现在，如果需要获取多个数值的最大值，并且比较的数值是任意数量。前面给出的函数定义参数形式就无法满足这种需求。但 Python 提供了解决方案，这也就是可变参数 *args（图 5-65）。

图 5-65　可变参数 *args

当函数定义是形式参数以星号开始时，它允许函数调用时传递任意数目的实际参数。重写上面的函数：

```
def max(arg1, arg2, *args):
    m = arg1 if arg1 >= arg2 else arg2
    for arg in args:
        if arg > m:
```

```
        m = arg
    return m
myfunc(40,60,20,30)
```

输出：

60

这种方案能够工作的原因为 *args 类型的形式参数就像个收容所，收容那些没有匹配成功的位置参数，其值为没匹配成功的位置参数组成的元组。

则 a_1 对应 p_1，…，a_i 对应 p_i，args 为元组 $(a_{i+1},\cdots,a_m)$。

单词 args 本身是任意的——用任何单词都可以，只要以星号开始。

类似地，Python 提供一种方式处理任意数目的关键字参数。这并非是创建一组值的元组，而是用 **kwargs 构建一个键 / 值对的字典。

如果在函数定义时，声明一个形式为 **kwargs 的参数，调用者可以提供任意数目的额外关键字参数，kwargs 将被绑定为包含这些额外关键字参数的键 / 值对的字典（图 5-66）。

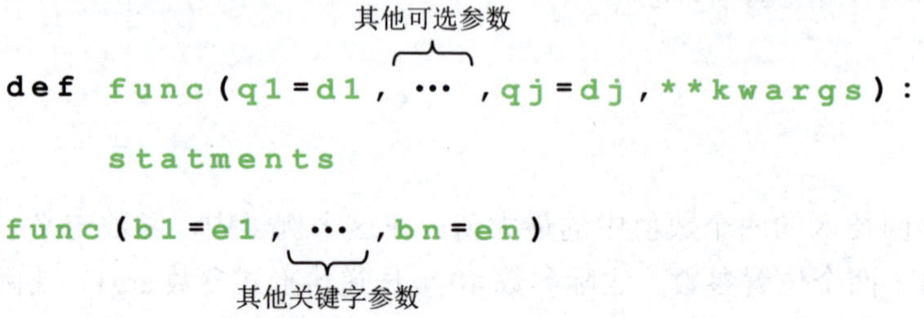

```
                       其他可选参数
def func(q1=d1, ··· ,qj=dj,**kwargs):
    statments
func(b1=e1, ··· ,bn=en)
      其他关键字参数
```

图 5-66 **kwargs 参数

一个函数定义中只能有一个这样的形式参数，且无法用默认参数来赋值。

和 args 一样，可以为关键字参数使用任意名字——kwargs 只是一个常用的惯例。

函数定义只能有一个可变长度的位置参数。

```
# 函数定义只能有一个可变长度位置参数
def func(*args1, *args2):
    pass
  File "<ipython-input-17-2cd01a29215a>", line 1
    def func(*args1, *args2):
              ^
```

输出：

SyntaxError: invalid syntax

可变长度位置参数不能赋予默认值。

```
# 可变长度位置参数形参不能赋予默认值
def func(*args=(1, 2)):
    pass
  File "<ipython-input-19-e17798f5c378>", line 1
    def func(*args=(1, 2)):
               ^
```

输出：

SyntaxError: invalid syntax

函数定义只能有一个可变长度关键字参数。

```
# 函数定义只能有一个可变长度关键字参数
def func(**kwargs1, **kwargs2):
    pass
  File "<ipython-input-18-e2d493521920>", line 1
    def func(**kwargs1, **kwargs2):
                        ^
```

输出：

SyntaxError: invalid syntax

可变长度关键字参数不能赋予默认值。

```
# 可变长度关键字参数不能赋予默认值
def func(**kwargs={'a':1, 'b':2}):
    pass
  File "<ipython-input-20-74660a65b196>", line 1
    def func(**kwargs={'a':1, 'b':2}):
                     ^
```

输出：

SyntaxError: invalid syntax

可以在函数定义时同时指定 *args 和 **kwargs，但是 *args 必须出现在 **kwargs 之前，否则将抛出 SyntaxError 例外。

```
# 可变长度位置参数必须在可变长度关键字参数之前
def func(**kwargs, *args):
    pass
  File "<ipython-input-16-e9c866d6823f>", line 1
    def func(**kwargs, *args):
                       ^
```

输出：

SyntaxError: invalid syntax

无法通过关键字参数给可变长度位置参数和可变长度关键字参数赋值。

```
# 无法通过关键字参数给可变长度位置参数和可变长度关键字参数赋值
def func(arg1, arg2, *args, **kwargs):
    print(arg1, arg2, args, kwargs)
func(1, 2, args=(3, 4), kwargs={'a':5, 'b':6})
```

输出：

1 2 () {'args': (3, 4), 'kwargs': {'a': 5, 'b': 6}}

可以在函数定义时，同时指定可变长度位置参数 *args 和可变长度关键字参数 **kwargs（图 5-67）。

```
其他必需参数                          其他可选参数
def func(p0, … ,pi,*args,q0=d0, … ,qj=dj,**kwargs):
    statments
func(a0, … ,am,b0=e0, … ,bn=en)
     其他位置参数            其他关键字参数
```

图 5-67　同时指定 *args 和 **kwargs 参数

在函数调用时，args 被绑定到（可能为空）所有传入的，没有对应到定义时的必需参数和可选参数的位置参数。kwargs 被绑定到所有传入的，没有对应到定义时的可选参数的关键字参数。

5.6.4　函数技巧

1. 函数赋值给变量

记住，在 Python 中，一切都是对象，函数也不例外。这意味着函数也可以被赋值给一个变量，以及被传递给另一个函数。

```
def hello(name='Jose'):
    return 'Hello '+name
hello()
```

输出：

'Hello Jose'

将这个函数赋值给变量 greet。此处没有使用括号，因为并不是调用函数 hello() 用返回值来赋值，而是将函数对象传递给 greet 变量。

```
greet = hello
greet
<function __main__.hello>
greet()
```

输出：

'Hello Jose'

这时候，如果删除名字 hello 会出现什么情况呢？

```
del hello
hello()
```

输出：

```
---------------------------------------------------------------------
NameError                      Traceback (most recent call last)
<ipython-input-9-a75d7781aaeb> in <module>()
----> 1 hello()
NameError: name 'hello' is not defined
greet()
'Hello Jose'
```

即便删除了名字 hello，名字 greet 仍然指向最初的函数对象。函数是对象，它能传递给其他对象，知道这一点很重要！

2. 函数内的函数

前面已经学习了如何将函数看为对象，现在学习如何在函数内定义函数：

```
def hello(name='Jose'):
    print('The hello() function has been executed')
    def greet():
        return '\t This is inside the greet() function'
    def welcome():
        return "\t This is inside the welcome() function"
    print(greet())
    print(welcome())
    print("Now we are back inside the hello() function")
hello()
The hello() function has been executed
     This is inside the greet() function
     This is inside the welcome() function
Now we are back inside the hello() function
welcome()
```

输出：
```
---------------------------------------------------------------------------
NameError                         Traceback (most recent call last)
<ipython-input-13-a401d7101853> in <module>()
----> 1 welcome()
NameError: name 'welcome' is not defined
```

由于范围，welcome() 函数没有定义在 hello() 函数外面。

3. 返回函数

```
def hello(name='Jose'):
    def greet():
        return '\t This is inside the greet() function'
    def welcome():
        return "\t This is inside the welcome() function"
    if name == 'Jose':
        return greet
    else:
        return welcome
```

如果设置 x = hello()，会返回什么函数？此处用空括号表示形式参数，name 使用默认值 Jose。

```
x = hello()
x
```

输出：
```
<function __main__.hello.<locals>.greet>
```

如上述，x 指向 hello 函数里面的 greet 函数。

```
print(x())
```

输出：

This is inside the greet() function

在上面的代码中，在 if/else 语句中，返回的是 greet 和 welcome，而不是 greet() 和 welcome()。

这是因为如果把一对括号放到后面，函数就会被执行；如果不把括号放在后面，它就可以作为参数传递，或复制给其他变量，并在这个过程中不被执行。

在运行到 x = hello() 时，hello() 被执行，并且因为 name 默认是 Jose，函数 greet 被返回。如果修改语句为 x = hello(name = "Sam")，那么 welcome 函数会被返回。也可以使用 print(hello()()) 来输出 This is inside the greet() function。

4. 函数作为参数

现在将函数作为参数传递给其他函数。

```
def hello():
    return 'Hi Jose!'
def other(func):
    print('Other code would go here')
    print(func())
other(hello)
```

输出：

Other code would go here
Hi Jose!

5. 递归函数

在 Python 中，一个函数也可以调用它自身，这种函数被称为递归函数。要避免函数进入无限循环，递归函数需要遵循如下规则。

（1）标识出一种容易解决的基本情况。

（2）标识出将问题分解为相同形式的更小问题的递归情况。

递归函数的一般结构如下：

if 基本情况：

　　// 基本情况（直接计算，没有递归）

else

　　// 递归情况

递归函数的一个经典问题是求阶乘。给定正整数 n，它的阶乘记作 n!，等于 $n \times (n-1) \times (n-2) \times \cdots \times 2 \times 1$。

```
def fact(n):
    if n==0:
        return 1
    else:
        return n*fact(n-1)
```

```
n = int(input("enter the number :"))
result = fact(n)
print("Factorial of",n,"is",result)
```

上述代码首先定义了一个函数，它接收一个参数。在函数体中实现了 if-else 条件。其中 if 部分包含了基本情况，else 部分包含了递归情况。

现在，首先检查传入的参数是否等于 0，如果是，则返回 1，因为 0 的阶乘等于 1。如果传入的参数大于 0，就进入递归情况，考虑到 n!=n×(n-1)!，很容易将问题分解为具有相同形式的更简单的问题了。

最后，在函数外面，让用户输入一个整数，然后调用上述函数计算对应的阶乘，并返回结果。

6. lambda 表达式

在 Python 中，一个最有用（对于新手，也是最容易混淆）的工具是 lambda 表达式。lambda 表达式允许创建"匿名"函数。也就是说，可以快速创建一个真实的函数，而不需要使用 def 定义函数。

它是一个内联函数，只有一个表达式，并且没有 return 关键字。这个表达式被计算，并返回。

lambda 的正文是一个表达式，而不是一个语句块。它的语法如下：

lambda arguments: expression

lambda 函数可以有任意数量的参数，但是只能有一个表达式。表达式被计算并返回。lambda 函数可以被用作需要函数对象的任何地方。

lambda 的正文类似于放在 def 正文中的 return 语句。

许多函数的调用需要传入一个函数，例如 map(func,seq) 函数将 seq 中的元素 item 依次执行 func(item)，将结果组成一个列表返回。通常传入的函数非常简单，并且只需要使用一次，所以不需要正式定义这个函数，用 lambda 表达式最合适。

```
my_nums = [1, 2, 3, 4, 5]
list(map(lambda num: num ** 2, my_nums))
```

输出：

[1, 4, 9, 16, 25]

也可以传递多个参数到 lambda 表达式中。务必记住，并不是每一个函数都能够被翻译成 lambda 表达式。

5.6.5　实验任务

编写一个函数，传入列表，返回其元素唯一的列表。

样本列表：[1,1,1,1,2,2,3,3,3,3,4,5]

唯一列表：[1, 2, 3, 4, 5]

```
def unique_list(lst):
    # 也可以使用 list(set())
    x = []
    for a in lst:
```

```
        if a not in x:
            x.append(a)
    return x
if __name__ == '__main__':
    unique_list([1,1,1,1,2,2,3,3,3,3,4,5])
```

思考与探索

一、选择题

1. 下列编程环境中，（　　）特别适合进行数据科学和机器学习编程。

A．Spyder　　　　B．Sublime Text　　　C．Anaconda　　　　D．Atom

2. 下列语句中，定义变量符合规范的是（　　）。

A．int a=10　　　　B．b=10　　　　　　C．a==10　　　　　D．b>=10

3. 下列 Python 对象中，对应的布尔值是 True 的是（　　）。

A．None　　　　　B．0　　　　　　　C．1　　　　　　　D．" "

4. 假设 a=9，b=2，下列运算结果中错误的是（　　）。

A．a+b 的值是 11　　　　　　　　B．a//b 的值是 4

C．a%b 的值是 1　　　　　　　　D．a**b 的值是 18

5. 下列语句中，（　　）在 Python 中是非法的？

A．x = y = z = 1　　B．x = (y = z + 1)　　C．x, y = y, x　　　D．x += y

6. 请阅读下面的程序：

```
a=0
b=10
# 判断 a and b
if (a or b) and b:
print( 其他 " 结果为 True 其他 ")
else:
print( 其他 " 结果为 False 其他 ")
```

执行程序，最终输出的结果为（　　）。

A．结果为 True　　　　　　　　　B．结果为 False

C．没有任何输出　　　　　　　　　D．程序出现编译错误

7. 已知 x=10，y=20，z=30，以下语句执行后 x、y、z 的值是（　　）。

```
if x<y:
z=x
x=y
y=z
```

A．10,20,30　　　B．10,20,20　　　C．20,10,10　　　D．20,10,30

8. 请阅读下面的程序：

```
for i in range(10):
i+=1
if i==8 or i==5:
```

```
continue
print(i)
```

上述程序中，print 语句会执行（　　　）次。

    A．5   B．6   C．7   D．8

9．请阅读下面的程序：

```
for i in range(5):
i+=1
if i==3:
break
print(i)
```

上述程序中，print 语句会执行（　　　）次。

    A．1   B．2   C．3   D．4

10．请阅读下面的一段程序：

```
sum=0
for i in range(100):
if(i%10):
continue
sum=sum+i
print(sum)
```

执行程序，最终输出的结果是（　　　）。

    A．5050   B．4950   C．450   D．45

11．下列关于切片的说法中，描述正确的是（　　　）。

    A．任何数据类型都支持切片操作

    B．切片选取的区间属于左开右闭型的

    C．切片截取的范围是从"起始"位开始，到"结束"位的前一位结束

    D．只能正序截取字符串

12．关于 find() 和 index() 函数的说法中，下列描述错误的是（　　　）。

    A．如果 find() 函数没有找到子字符串，则会抛出例外

    B．两个函数都可以检测某个字符串中是否包含子串

    C．两个函数都支持指定搜索范围

    D．两个函数默认查找的范围均为字符串的整个长度

13．请阅读下面一段程序：

```
def sum(a, b):
temp = b
b = a
a = temp
return (a,b)
print(sum(b=11,a=22))
```

运行程序，最终输出的结果为（　　　）。

    A．11,22   B．22,11

    C．没有任何输出   D．程序出现错误

14. 下列选项中，能够表示"年‐月‐日"格式字符串的是（　　）。

　　A．%Y-%m-%d　B．%m-%d-%Y　　　C．%H-%M-%S　　　　D．%M-%S-%H

15. 请阅读下面的一段程序：

```
arr = map(None, [1, 3, 5], [2, 4, 6])
print(arr)
```

程序在 Python2 环境运行，最终输出的结果为（　　）。

　　A．[1,3,5]　　　　　　　　　　B．[2,4,6]

　　C．(1,2),(3,4),(5,6)　　　　　D．(1,6),(3,4),(5,2)

16. 关于例外的说法，下列描述中错误的是（　　）。

　　A．所有例外都是基类 Exception 的成员

　　B．如果没有处理例外，程序会终止执行

　　C．程序会反馈错误信息，包括错误的名称、原因和错误发生的行号

　　D．无论是否捕获例外，程序都会终止执行。

17. 当解释器发现语法错误的时候，会引发（　　）例外。

　　A．ZeroDivisionError　　　　　B．SyntaxError

　　C．IndexError　　　　　　　　D．KeyError

18. 请阅读下面的程序：

```
count = 0
while count < 5:
print(count, ' 小于 5')
if count == 2:
break
count += 1
else:
print(count, " 不小于 5")
```

关于上述程序的说法中，描述错误的是（　　）。

　　A．else 语句会在循环执行完成后运行

　　B．当 count 的值等于 2 时，程序会终止循环

　　C．break 语句会跳过 else 语句块执行

　　D．else 语句块一定会执行

19. 请阅读下面一段程序：

```
count = 0
if count < 5:
_____
```

下列语句中，能够填写到程序中横线处的是（　　）。

　　A．pass　　　　　B．else　　　　　C．elif　　　　　D．for

20. 关于字符串的说法中，下列描述错误的是（　　）。

　　A．一个字符视为长度为 1 的字符串

　　B．字符串以 \0 标志字符串的结束

　　C．字符串既可以用单引号表示，也可以使用双引号表示

　　D．在三引号字符串中可以包含换行回车符等特殊字符

二、实践题

1. 根据提示输入三角形三个边长，通过公式计算三角形的半周长和面积。

任务具体要求如下：

定义三个变量分别接收三角形三个边长。根据三角形半周长公式和面积公式，使用算术运算符分别计算三角形的半周长和面积。

程序运行结果如图 5-68 所示。

【运行示例】

> 输入三角形第一边长：
> 3
> 输入三角形第二边长：
> 4
> 输入三角形第三边长：
> 5
> 三角形半周长为6.0
> 三角形面积为6.0

图 5-68　计算三角形半周长和面积样张

2. 使用 if-else 语句实现快递收费系统。

已知某快递点寄件价目表具体见表 5-18。

表 5-18　寄件价目

地区编号	首重单价（≤ 2kg）/ 元	续重单价 /（元 /kg）
华东地区（01）	13	3
华南地区（02）	12	2
华北地区（03）	14	4

任务具体要求如下。

（1）定义两个变量分别接收用户输入的快递重量和地区编号。

（2）使用 if 语句执行未超过首重的快递费用。

（3）使用 else 语句执行超过首重的快递费用。

程序运行结果如图 5-69 所示。

【运行示例】

> 请输入快递重量：
> 15
> 编号01：华东地区 编号02：华南地区 编号03：华北地区
> 请输入地区编号：
> 01
> 快递费为52.0元

图 5-69　计算快递收费样张

第 6 章　体验人工智能

数据处理应用案例

6.1　数据处理案例应用

在当今信息爆炸的时代，海量的数据成为了人工智能发展的重要基础。人工智能的目标之一就是通过对数据的分析和处理，从中获取有用的信息和知识，以实现自动化的决策和推理。数据可以来自各个领域，比如金融、医疗、交通等，而人工智能可以对这些数据进行统计、分析和预测，帮助人们更好地理解和利用这些数据。

人工智能的训练过程需要学习数据处理，同时将处理结果进行可视化展示。在数据处理部分，人们会用到 Numpy 和 Pandas 数据类型。在数据可视化部分，最常用的库是 Matplotlib。

6.1.1　任务描述

打开素材文件夹下的程序文件"6_1_1.py"，按下列要求完成程序，将结果以原文件名保存。编写程序绘制如图 6-1 所示的 2023 年某城市某月空气质量分析散点图。

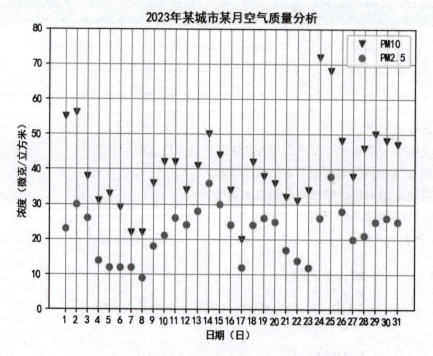

图 6-1　编写程序绘制效果图

具体要求如下。

（1）导入相关库，设置支持中文显示，读取 air.csv 数据文件。按提示信息，输入 PM10 数据点标记风格对应的字符。

（2）如果输入"三"，则 PM10 数据点标记风格为"q"；如果输入"五"，则 PM10 数据点标记风格为"ê"；否则，给出输入错误提示。

（3）设置标题，设置 x 坐标轴标签为"日期（日）"，设置 y 坐标轴标签为"浓度（微克 / 立方米）"。

（4）绘制散点图，并设置 PM10 数据点标记风格，设置 x 坐标轴刻度为数据源的日期，设置 y 坐标轴刻度范围为 [0,80]。

（5）设置图例，设置网格，显示图形。

6.1.2　任务实施

启动 Spyder，如图 6-2 所示，单击工具栏中的打开文件图标 ，打开 'G:/ 震旦 / 人工智能 / 第 6 章 体验人工智能 - 刘培培 / 素材 /6_1_1.py'。相关程序代码如下：

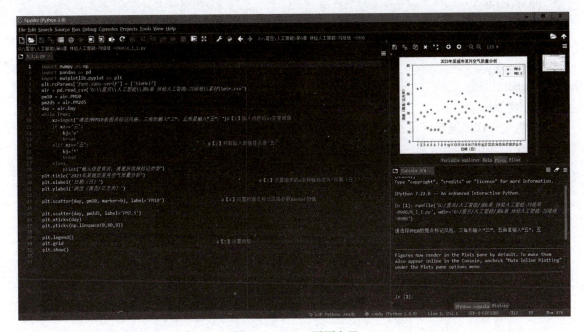

图 6-2　Spyder 页面布局

```
#（1）导入相关库，设置支持中文显示，读取 CSV 数据文件
import numpy as np
import pandas as pd
import matplotlib.pyplot as plt
plt.rcParams['font.sans-serif'] = ['SimHei']
air = pd.read_csv('G:\\ 震旦 \\ 人工智能 \\ 第 6 章 体验人工智能 - 刘培培 \\ 素材 \\air.csv')
pm10 = air.PM10
pm2d5 = air.PM2d5
day = air.Day
```

```
# （2）选择 PM10 数据点在图表中的标记风格
while True:
    xz=input(" 请选择 PM10 数据点标记风格，三角形输入 " 三 "，五角星输入 " 五 "：")
    if xz==' 三 ':
        bj='v'
        break
        elif xz==' 五 ':
        bj='*'
        break
    else:
        print(" 输入信息有误，请重新选择标记类型 ")
# （3）设置图表标题和坐标
plt.title('2023 年某城市某月空气质量分析 ')
plt.xlabel(' 日期（日）')
plt.ylabel(' 浓度（微克 / 立方米）')

# （4）绘制散点图，设置数据点标记风格参数 marker 的值
plt.scatter(day, pm10, marker=bj, label='PM10')
plt.scatter(day, pm2d5, label='PM2.5')
plt.xticks(day)
plt.yticks(np.linspace(0,80,9))

# （5）设置图例，设置网格，显示图形。
plt.legend()
plt.grid
plt.show()
```

左侧文件代码编辑区单击运行，如图 6-3 所示，在右下方 IPython 控制台区弹出提示消息，输入 "五"，如图 6-4 所示，在右上方的辅助功能区 Plots 模块观测程序运行结果如图所示。

图 6-3　Spyder IPython 控制台的使用

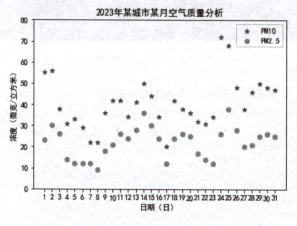

图 6-4　Spyder 辅助功能区 Plots 模块的使用

上述程序的分段解释如下。

（1）导入相关库，设置支持中文显示，读取 CSV 数据文件。

导入必要的库（NumPy、Pandas、Matplotlib），语句 plt.rcParams['font.sans-serif'] = ['SimHei']，设置了 Matplotlib 的字体以支持中文显示，并设置字体为黑体。

语句 air = pd.read_csv('G:\\ 震旦 \\ 人工智能 \\ 第 6 章 体验人工智能 - 刘培培 \\ 素材 \\air.csv')：从 air.csv 文件中读取"空气质量"数据，注意文件的路径。

```
pm10 = air.PM10
pm2d5 = air.PM2d5
day = air.Day
```

这三条语句提取 PM10、PM2d5 和 Day 列。

（2）选择 PM10 数据点在图表中的标记风格。此段代码是一个简单的循环，用于让用户选择 PM10 数据点在图表中的标记风格。如果用户输入"三"，则标记风格设置为三角形（在 Matplotlib 中通常使用 'v' 表示）；如果用户输入"五"，则尝试将标记风格设置为五角星，但需要注意的是，Matplotlib 的默认标记集并不直接支持五角星作为标记。不过，人们可以使用其他方式来表示，或这里可以简单地使用 '*' 作为替代（尽管它不代表真正的五角星）。

（3）设置标题和坐标。

1）语句 plt.title('2023 年某城市某月空气质量分析')：设置图表标题为"2023 年某城市某月空气质量分析"。

2）语句 plt.xlabel(' 日期（日）')：设置图表的 x 坐标轴标签为"日期（日）"。

3）语句 plt.ylabel(' 浓度（微克 / 立方米）')：设置图表的 y 坐标轴标签为"浓度（微克 / 立方米）"。

（4）绘制散点图，设置数据点标记风格参数。

1）语句 plt.scatter(day, pm10, marker=bj, label='PM10')：利用 Matplotlib 中的 scatter() 函数来绘制 PM10 数据点，其中 day 是 x 轴的数据，PM10 是 y 轴的数据。marker=bj 指定了数据点的标记风格，这里 bj 是一个变量，它之前通过用户输入和一系列条件判断被赋予了 'v'（表示三角形）或其他值 '*'（表示五角星）。label='PM10' 为这些数据点设置了一个图例标签。

2）语句 plt.xticks(day)：设置 x 轴上的刻度位置，使它们与 day 数组中的值相对应。

在 Matplotlib 中，plt.yticks(ticks, labels=None, **kwargs) 函数用于设置 y 轴上的刻度位置和可选的标签。当调用 plt.yticks(np.linspace(0, 80, 9)) 时，实际上是在请求 Matplotlib 在 y 轴上设置 0 ～ 80 的均匀分布的刻度，总共 9 个刻度点（包括 0 和 80）。

（5）设置图例，设置网格，显示图形。

在 Matplotlib 中，plt.legend() 用于添加图例，而 plt.grid() 用于添加网格线到图表中。

plt.show() 是 Matplotlib 库中的一个函数，用于显示所有之前通过 Matplotlib 绘制的图形。

6.1.3　实践练习

打开素材文件夹下的程序文件"sj6_1_1.py"，按下列要求完成程序，并将结果以原文件名保存。

程序实现绘制 2023 年世界乒乓球锦标赛中国队奖牌占比饼图，具体要求如下。

（1）导入相关库，设置支持中文显示，读取 CSV 数据文件。按提示信息，输入并判断饼图配色方案对应的数字。

（2）如果输入"1"，则采用 ['red','green','blue'] 的配色；如果输入"2"，则采用 ['gold', 'silver','brown'] 的配色；否则，给出输入错误提示。

（3）设置标题为"2023 年世界乒乓球锦标赛中国队奖牌占比"。

（4）定义突出显示参数列表，绘制饼图，并设置数据标签和配色。

（5）设置轴，设置图例，显示图形。

程序运行结果如图 6-5 所示。

请选择饼图配色方案，输入"1"是红绿蓝配色，输入"2"是金银铜配色：2

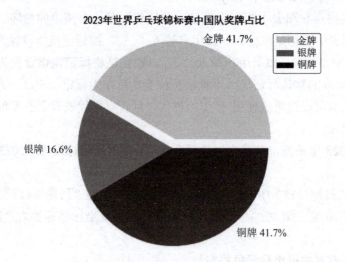

图 6-5　2023 年世界乒乓球锦标赛中国队奖牌占比饼图

机器学习应用案例

6.2　机器学习案例应用

机器学习是人工智能的核心，是使计算机具有智能的根本途径。机器学习专门研究计算机如何模拟或实现人类的学习行为，以获取新的知识或技能，重新组织已有的知识结构使之不断改善自身的性能。

机器学习是一门多学科交叉专业，涵盖概率论知识、统计学知识、近似理论知识和复杂算法知识，使用计算机作为工具，致力于真实实时地模拟人类学习方式，并将现有内容进行知识结构划分来有效提高学习效率。

6.2.1　任务描述

打开素材文件夹下的程序文件"6_2_1.py"，参照程序运行结果，按下列要求完成程序，并将结果以原文件名保存。

下述程序主要功能是实现小麦品种分类，请在原有程序文件的基础上进行程序的补充完善，具体要求如下。

（1）打开文件夹下的程序文件"6_2_1.py"，导入相关库，读取小麦种子数据集文件，切分数据集，测试集所占比例为 20%。

（2）对训练集进行标准化拟合和转换，对测试集进行标准化转换。

（3）利用 K 近邻（K-Nearest Neighbor，KNN）分类器进行分类，利用 fit() 函数对训练集的特征数据和标签数据进行模型拟合。

（4）对测试集的特征数据进行类别预测。

（5）根据测试集的真实分类和预测结果，计算并显示主要分类指标的文本报告。

程序运行结果如图 6-6 所示。

	precision	recall	f1-score	support
Canadian	1.00	1.00	1.00	12
Kama	1.00	0.88	0.93	16
Rosa	0.86	1.00	0.92	12
accuracy			0.95	40
macro avg	0.95	0.96	0.95	40
weighted avg	0.96	0.95	0.95	40

图 6-6　小麦品种分类

6.2.2　任务实施

启动 Spyder，单击工具栏中的打开文件图标 📂，打开 'G:/ 震旦 / 人工智能 / 第 6 章 体验人工智能 - 刘培培 / 素材 /6_2_1.py'。相关程序代码如下：

```python
# （1）导入库
import pandas as pd
from sklearn.neighbors import KNeighborsClassifier
from sklearn.preprocessing import StandardScaler
from sklearn.model_selection import train_test_split
from sklearn.metrics import classification_report
# （2）读取小麦种子数据集，切分数据集，测试集占比 20%
seeds=pd.read_csv('G:\ 震旦 \ 人工智能 \ 第 6 章 体验人工智能 - 刘培培 \ 素材 \\seeds.csv')
data = seeds.iloc[:,:-1].values
target = seeds.iloc[:,-1].values
X_train, X_test, y_train, y_test = train_test_split(data, target, test_size=0.2, random_state=12)
# （3）标准化数据，对训练集进行标准化拟合和转换
standerd_scaler = StandardScaler()
X_train = standerd_scaler.fit_transform(X_train)
X_test = standerd_scaler.transform(X_test)
# （4）基于 KNN 算法进行分类和训练模型
knc = KNeighborsClassifier()
knc.fit(X_train, y_train)
# （5）对测试集的特征数据进行类别预测和性能评估
y_predict = knc.predict(X_test)
report = classification_report(y_test, y_predict)
print(report)
```

单击运行，在右下方 IPython 控制台区查看程序运行结果，如图 6-7 所示。

```
In [4]: runfile('G:/震旦/人工智能/第6章 体验人工智能-刘培培/素材/
6_2_1.py', wdir='G:/震旦/人工智能/第6章 体验人工智能-刘培培/素材')
              precision    recall   f1-score   support

    Canadian       1.00      1.00       1.00        12
        Kama       1.00      0.88       0.93        16
        Rosa       0.86      1.00       0.92        12

    accuracy                            0.95        40
   macro avg       0.95      0.96       0.95        40
weighted avg       0.96      0.95       0.95        40
```

图 6-7　小麦品种分类结果展示

上述程序的分段解释如下。

（1）导入库。scikit-learn，又写作 sklearn，是一个开源的基于 Python 语言的机器学习工具包，它涵盖了几乎所有主流机器学习算法。sklearn 中常用的模块有分类、回归、模型选择等。scikit-learn 库提供了对数据进行标准化处理的函数，包括 Z-score 标准化、稀疏数据标准化和带离群值的标准化。scikit-learn 库中 preprocessing. StandardScaler 类实现了 Z-score 标准化。

在 scikit-learn 中，与 KNN 算法相关的类都在 sklearn.neighbors 包中，其中最常用的就是 sklearn.neighbors. KNeighborsClassifier 类。

此段代码从 sklearn.neighbors 导入 KNeighborsClassifier 类，用以进行分类操作；从 sklearn.preprocessing 导入 StandardScaler 类，用以进行数据标准化；从 sklearn.model_selection 导入 train_test_split 函数，用以切分训练集和测试集；从 sklearn.metrics 导入 classification_report 函数，用以对预测结果进行更加详细的分析。

（2）读取小麦种子数据集，切分数据集，测试集占比 20%。为了更好地评测模型的效果，通常将原始数据划分为训练集（train set）和测试集（test set）两部分：训练集是训练机器学习算法的数据集；测试集是用来评估训练后的模型性能的数据集。scikit-learn.model_selection 中的 train_test_split() 函数提供了将数据集进行切分的功能，其格式如下所示：

X_train, X_test, y_train, y_test = train_test_split(X,y, tset_size,random_state, shuffle)

其中 X 是特征集、y 是标签集；X_train 和 y_train 分别代表训练的特征和标签；X_test 和 y_test 分别代表测试集的特征和标签；tset_size 表示测试集所占数据集的比例，取值范围为 0 ～ 1；random_state 表示随机种子数；shuffle 表示数据集在切分前是否需要重排，默认 True。

此段代码利用 read_csv 函数从"seeds.csv"文件中读取小麦种子数据；语句 X_train, X_test, y_train, y_test = train_test_split(data, target, test_size=0.2, random_state=12) 可以切分数据集，测试集占比 20%。

（3）标准化数据，对训练集进行标准化拟合和转换。语句 standerd_scaler = StandardScaler()，生成标准化实例；语句 X_train = standerd_scaler.fit_transform(X_train) 和 X_test = standerd_scaler.transform(X_test) 分别对训练集和测试集数据进行标准化。fit_transform() 函数用于拟合数据，找到数据转换规则，并将数据标准化。transform() 是将数据标准化，将测试集按照训练集同样的模型进行转换，得到特征向量。此时可以直接使用之前的 fit_transform() 函数生成的转换规则，若再次使用 fit_ transform() 函数对测试集数据标准化会导致两次标准化后的数据格式不相同。

（4）基于 KNN 算法进行分类和训练模型。语句 knc = KNeighborsClassifier() 利用 K 近邻分类器对测试数据进行分类；语句 knc.fit(X_train, y_train) 使用 fit() 函数训练模型，利用训练集的特征数据和标签数据进行模型拟合。

（5）对测试集的特征数据进行类别预测和性能评估。语句 y_predict = knc.predict(X_test) 使用 predict() 函数预测数据，预测结果储存在变量 y_predict 中；语句 report = classification_report(y_test, y_predict) 根据测试集的真实分类和预测结果，计算并展示分类指标的详细文本报告，包括每个分类的精确度、召回率、F1 值等信息，并把值储存在变量 report 中；语句 print(report) 输出文本报告。

6.2.3　实践练习

打开素材文件夹下的程序文件"sj6_2_1.py"，参照运行结果如图 6-8 所示，按下列要求完成程序，并将结果以原文件名保存。

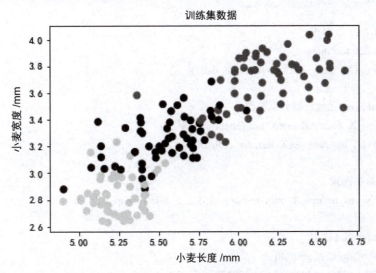

图 6-8　小麦品种功能分类散点图

小麦是我国四大主粮之一，将小麦品种正确分类有利于促进小麦产业的健康发展，带动乡村振兴。程序实现小麦品种分类功能，具体要求如下。

（1）导入相关库，读取小麦种子数据集文件，划分为训练集和测试集，测试集所占比例为 15%，随机数种子为 35。绘制训练集数据散点图。

（2）对训练集进行归一化拟合和转换，对测试集进行归一化转换。

（3）基于 KNeighborsClassifier 分类模型建立分类器对象，利用训练集的特征数据和标签数据进行模型拟合。

（4）对未知类别的样本数据进行类别预测。

（5）使用模型自带的评估函数针对测试集进行准确性测评。

深度学习应用案例

6.3 深度学习应用案例

深度学习（Deep Learning，DL）是机器学习（Machine Learning，ML）领域中的一个重要研究方向，它通过学习样本数据的内在规律和表示层次，使机器能够像人一样具有分析学习能力，从而识别文字、图像和声音等数据。

6.3.1 任务描述

利用 Keras 构建神经网络对 MNIST 数据集进行分类训练和模型评估。

6.3.2 任务实施

利用 Keras 构建神经网络对 MNIST 数据集进行分类训练和模型评估的简单版程序（6_3_1.py）如下。

```python
# （1）导入 TensorFlow
import tensorflow as tf

# （2）载入 MNIST 数据集
mnist = tf.keras.datasets.mnist
(X_train, y_train), (X_test, y_test) = mnist.load_data()

# （3）利用 reshape() 函数转换数字图像
X_train_reshape = X_train.reshape(X_train.shape[0], 28*28)
X_test_reshape = X_test.reshape(X_test.shape[0], 28*28)

# （4）归一化数字图像
X_train_norm, X_test_norm = X_train_reshape / 255.0, X_test_reshape / 255.0

# （5）构建 Sequential 模型
model = tf.keras.models.Sequential([
    tf.keras.layers.Dense(30,input_dim=28*28,activation='relu'),
    tf.keras.layers.Dense(40, activation='relu'),
    tf.keras.layers.Dense(50, activation='relu'),
    tf.keras.layers.Dense(30, activation='relu'),
    tf.keras.layers.Dense(10,activation='softmax')
    ])
print('compiling ...\n')
# （6）模型编译
model.compile(optimizer='adam',
loss='sparse_categorical_crossentropy',
        metrics=['accuracy'])
print('fitting ...\n')
# （7）模型训练
```

```
model.fit(X_train_norm, y_train, epochs=5)
print('\n evaluating ...\n')
# （8）模型评估
model.evaluate(X_test_norm, y_test)
```

上述程序的分段解释如下。

（1）导入 TensorFlow。通过 import 导入 TensorFlow 库，由于 Keras 已经集成到 TensorFlow2.0 里，此处就不需要再额外导入 Keras 库。

（2）载入 MNIST 数据集。Keras 提供了常用的 7 个数据集：Fashion-MNIST、CIFAR10、CIFAR100、MNIST、boston_housing、IMDB、Reuters，利用类似的方法可以载入相关的数据集，调用格式如下：

(X_train,y_train),(X_test,y_test)=tf.keras.datasets.datasets_name.load_data()

其中，X_train 和 y_train 分别代表训练集的特征和标签，X_test 和 y_test 分别代表测试集的特征和标签。

（3）利用 reshape() 函数转换数字图像。图像的尺寸为 28×28 像素，为了进行后续模型训练，本步骤利用 reshape() 函数将二维图像（28×28）转换为一维向量（784）个像素点。

（4）归一化数字图像。图像的像素值分布范围为 0 ～ 255，可以通过除以 255 实现归一化。

（5）构建 Sequential 模型。本步骤利用 Sequential 模型简单地线性堆叠网络层来构建网络模型。这个模型主要用于处理具有固定大小输入的特征数据，并通过多个全连接层（Dense layers）进行学习和预测。

1）初始化一个序贯模型，这种模型允许以线性的方式堆叠多个层。

2）语句 tf.keras.layers.Dense(30, input_dim=28*28, activation='relu')：这是模型的第一层，一个全连接层（也称为密集层或 Dense 层）。30 表示该层有 30 个神经元（或称为节点）。input_dim=28*28 指定了输入层的大小，这里假设输入数据是 28×28 像素的图像（如 MNIST 数据集中的手写数字图像），因此总输入维度是 784（28×28）。这个参数在序贯模型的第一个 Dense 层中是必需的，但在后续层中会自动推断输入维度。activation='relu' 指定了激活函数为 ReLU（Rectified Linear Unit），这是一种常用的非线性激活函数，有助于模型学习复杂的模式。

3）接下来，模型通过 4 个更多的全连接层进行扩展，每层分别有 40、50、30 个神经元，并且都使用 relu 作为激活函数。这些层允许模型学习数据的更高层次特征。

4）最后一层是一个具有 10 个神经元的 Dense 层，用于多分类问题。因为 activation='softmax'，这意味着输出层将输出一个概率分布，其中每个元素代表输入数据属于相应类别的概率。在这个例子中，假设模型用于识别 10 个类别（如 MNIST 数据集中的 0 ～ 9 数字）。

（6）模型编译。该段代码主要利用 model.compile() 函数实现模型的编译，在构建模型完成之后，必须对模型进行编译才可以训练模型。相关参数解释如下：

语句 optimizer='adam' 表示使用 adam 作为模型的优化器，可以让模型快速收敛并提高准确率；语句 loss='sparse_categorical_crossentropy' 表示使用 crossentropy 作为损失函数；语句 metrics=['accuracy'] 表示使用准确率来评价模型。

（7）模型训练。在 TensorFlow 和 Keras 中，model.fit() 方法用于训练模型。当调用 model.fit(X_train_norm, y_train, epochs=5) 时，实际上是在告诉模型使用 X_train_norm 作为训练数据（这里假设 X_train_norm 是已经标准化或归一化的训练数据），y_train 作为对应的标签或目标值，并且整个训练过程将重复 5 次（即 5 个 epochs）。

如下是 model.fit() 方法调用的一些关键参数解释。

1）X_train_norm：该参数是训练数据集，通常是一个 NumPy 数组、TensorFlow 张量或类似的数据结构，包含了用于训练模型的特征。在这个例子中，数据已经被标准化或归一化，这是一个常见的预处理步骤，有助于模型更快地收敛。

2）y_train：该参数是与 X_train_norm 对应的标签或目标值，用于监督学习。它同样是一个 NumPy 数组、TensorFlow 张量或类似的数据结构，包含了每个训练样本的类别标签或回归值。

3）epochs=5：该参数指定了训练过程中整个数据集将被遍历的次数。一个 epoch 意味着模型已经看到了训练集中的每一个样本一次。在这个例子中，数据集将被遍历 5 次。但这并不意味着模型只学习了 5 次，因为在一个 epoch 中，数据通常会被分成多个批次进行训练，而每个批次都会更新模型的权重。

除了这些参数，model.fit() 方法还有许多其他可选参数。

1）batch_size：该参数指定每个批次中的样本数。较小的批次意味着模型权重更新更频繁，但训练过程可能更慢。较大的批次可以加速训练，但可能需要更多的内存，并且可能导致模型在训练过程中陷入局部最小值。

2）validation_data：该参数用于在每个 epoch 结束时评估模型性能的验证数据集。这有助于监控模型是否过拟合。

3）callbacks：该参数是一组在训练的不同阶段被调用的回调函数，用于实现如模型保存、学习率调整等自定义功能。

4）verbose：该参数是控制训练过程中信息的显示。0 表示不显示、1 表示显示进度条、2 表示显示每个 epoch 的详细输出。

（8）模型评估。model.evaluate(X_test_norm, y_test) 是 TensorFlow 和 Keras 中用于评估模型性能的方法。当调用这个方法时，实际上是在告诉模型使用 X_test_norm（测试数据的标准化或归一化版本）作为输入，并计算这些输入对应的预测值与实际标签 y_test 之间的差异。这个差异通常通过模型在编译时指定的损失函数来衡量，但也可以通过传递额外的参数来指定其他的评估指标。

下列是 model.evaluate() 方法调用的一些关键点。

1）X_test_norm：这是测试数据集，已经通过了与训练数据相同的预处理步骤（如标准化或归一化）。它包含了模型未见过的样本，用于评估模型的泛化能力。

2）y_test：这是与 X_test_norm 对应的真实标签或目标值，用于与模型的预测值进行比较。

3）返回值：model.evaluate() 方法将返回一个或多个值，具体取决于在编译模型时指定的评估指标。默认情况下，它返回的是损失函数的值。但如果在编译时指定了其他评估指标（如准确率、召回率等），这些值也会一并返回。返回值通常是一个 NumPy 数组。

4）批量处理：与 model.fit() 方法类似，model.evaluate() 方法也会将测试数据分成多个批次进行处理。但是，与训练过程不同的是，评估过程不会更新模型的权重。

程序运行结果如图 6-9 所示，结果可能存在随机性。

```
compiling ...

fitting ...

Epoch 1/5
1875/1875 [==============================] - 2s 844us/step - loss: 0.3399 - accuracy: 0.8960
Epoch 2/5
1875/1875 [==============================] - 1s 763us/step - loss: 0.1627 - accuracy: 0.9513
Epoch 3/5
1875/1875 [==============================] - 1s 740us/step - loss: 0.1326 - accuracy: 0.9605
Epoch 4/5
1875/1875 [==============================] - 1s 749us/step - loss: 0.1128 - accuracy: 0.9661
Epoch 5/5
1875/1875 [==============================] - 1s 765us/step - loss: 0.0996 - accuracy: 0.9696

 evaluating ...

313/313 [==============================] - 0s 611us/step - loss: 0.1195 - accuracy: 0.9632
```

图 6-9 深度学习案例展示

注意：此程序仅进行阅读和分析，无须运行和调试。

6.3.3 实践练习

打开素材文件夹下的程序文件"sj6_3_1.py"，阅读和分析程序，按下列要求完成题目，并将结果以原文件名保存。

```python
import tensorflow as tf                     #【_1_】
# 载入 MNIST 数据集
mnist = tf.keras.datasets.mnist
(X_train, y_train), (X_test, y_test) = mnist.load_data()
X_train_reshape = X_train.reshape(X_train.shape[0], 28*28)      #【_2_】
X_test_reshape = X_test.reshape(X_test.shape[0], 28*28)
# 归一化数字图像
X_train_norm, X_test_norm = X_train_reshape / 255.0, X_test_reshape / 255.0


# 构建 Sequential 模型
model = tf.keras.models.Sequential([
    tf.keras.layers.Dense(40,input_dim=28*28,activation='relu',name='Hidden1'),
    tf.keras.layers.Dense(50, activation='relu',name='Hidden2'),
    tf.keras.layers.Dense(10,activation='softmax',name='Output') ])  #【_3_】
print(model.summary())                      #【_4_】
model.compile(optimizer='adam',
        loss='sparse_categorical_crossentropy',
        metrics=['accuracy'])
model.fit(X_train_norm, y_train, epochs=5, validation_split=0.1, verbose=0)
print('evaluating...\n')
model.evaluate(X_test_norm, y_test, verbose=2)              #【_5_】
modelname='model2023.h5'
model.save(modelname)
model = tf.keras.models.load_model(modelname)
```

程序通过神经网络对 MNIST 数据集进行分类训练、模型评估和模型保存。针对程序中 5 处【_题号_】所在的代码行，从以下选项中选择对该行恰当的代码解释，并将选项编号填入【】内，如【A】，注意编号不区分大小写。

A．打印数据集的概况

B．导入 tensorflow 库，并设置别名

C．编译模型，并输出包含进度条的日志信息

D．利用 reshape 函数将训练集中所有二维数字图像转换为一维向量

E．构建包含两个隐藏层的 Sequential 模型

F．导入 tensorflow 和 tf 两个库

G．构建包含两个输出层的 Sequential 模型

H．打印模型的概况

I．利用 reshape() 函数将训练集中所有一维数字图像转换为二维向量

J．评估模型，并输出不包含进度条的日志信息

程序运行结果如图 6-10 所示，结果可能存在随机性

注意：此程序仅进行阅读和分析，无须运行和调试。

```
Model: "sequential"

Layer (type)                 Output Shape              Param #
=================================================================
Hidden1 (Dense)              (None, 40)                31400
_____
Hidden2 (Dense)              (None, 50)                2050
_____
Output (Dense)               (None, 10)                510
=================================================================
Total params: 33,960
Trainable params: 33,960
Non-trainable params: 0
_____

None
evaluating...

313/313 - 0s - loss: 0.1056 - accuracy: 0.9666
```

图 6-10　深度学习实践案例展示

思考与探索

一、选择题

1．matplotlib.pyplot 模块中绘制饼图的函数是（　　　）。

A．pie()　　　　　　　　　　　　　B．scatter()

C．plot()　　　　　　　　　　　　　D．draw()

2.（　　）是常见降维算法。

 A．K-Means 算法   B．KNN 算法

 C．PCA 算法   D．线性回归

3．一般来说，神经网络处理分类问题的步骤不包括（　　）。

 A．选取特征属性作为输入数据

 B．选取特征属性作为输出数据

 C．构建神经网络结构

 D．模型训练

4．（　　）适合显示数据在一个连续时间间隔上的变化。

 A．折线图   B．散点图

 C．词云图   D．箱型图

5．K-Means 聚类算法对（　　）敏感，其值的选取对算法性能有着较大影响。

 A．初始聚类质心   B．学习率

 C．分类标签值   D．最终聚类质心

6．（　　）是一种当前常用的深度学习框架。

 A．List   B．Dict   C．Tensorflow   D．Go

二、简答题

1．日常数据可视化中，你更喜欢用哪种图形展示数据特性，其特色是什么？

2．请简述读取数据的方式。

3．简述模型训练中训练集、测试集、验证集的含义。

4．简述 Keras 与 tf.keras 的区别与联系。

三、实践题

1．打开素材文件夹下程序文件"sy6-4-1.py"，补全程序，完成以下功能，并以原文件名保存。

```
import matplotlib.          as plt
plt.rcParams['font.sans-serif'] = 'SimHei'    # 设置中文显示
plt.rcParams['font.size'] = 16
plt.          (figsize=(12, 12))    # 设置画布尺寸
Items = [' 出行 ',' 服装 ',' 教育 ',' 日常 ',' 旅游 ',' 其他 ']    # 定义饼图的标签
explode = [0.1, 0.01, 0.01, 0.01, 0.01, 0.01]    # 设定各项距离圆心距离
Expenses = [20000, 9000, 50000, 24000, 32000, 5000]
plt.          (Expenses, explode=explode, labels=Items, autopct='%4.2f%%', shadow=True)  # 绘制饼图
plt.          (' 家庭年各项消费比较表 ')
plt.legend(Items, loc=3)
plt.          ()
```

程序实现以下功能：根据以下数据，支出项目 Items = [' 出行 ',' 服装 ',' 教育 ',' 日常 ',' 旅游 ',' 其他 ']，支出费用 Expenses=[20000,9000,50000,24000,32000,5000]，请绘制某家庭全年各项消费占比的饼图，输出参考如图 6-11 所示。

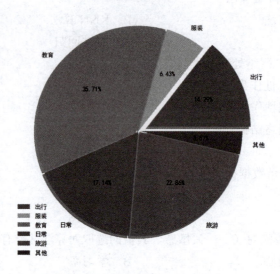

图 6-11　某家庭全年各项消费占比的饼图

2．打开素材文件夹下的程序文件"sy6-4-2.py"，按下列要求及代码中的注释完成程序，并以原文件名保存。

程序实现以下功能。

（1）导入相关库。

（2）利用 make_blobs() 函数生成一个样本数量为 50 的数据集，用 train_test_split() 函数将其划分为训练集和测试集，其中测试集占比为 20%。然后，对训练集进行标准化拟合和转换，对测试集进行标准化转换。

（3）建立分类器对象，基于 KNeighborsClassifier 分类模型实现分类，利用训练集的特征数据和标签数据进行模型拟合。

（4）基于测试集数据计算模型分类精度，用以衡量模型分类效果。

（5）对未知类别的样本数据点 [-1,1] 调用分类模型的 predict() 函数进行类别预测，并利用直线表示出与数据点 [-1,1] 距离最近的 7 个点。

```
import numpy as np
from sklearn.datasets import make_blobs
from sklearn.preprocessing import StandardScaler
from sklearn.neighbors import KNeighborsClassifier
_____ #【1】导入 train_test_split
from matplotlib import pyplot as plt
# 利用 sklearn.datasets 的 make_blobs 函数随机生成数量为 50 的样本数据集
X,Y=make_blobs(n_samples=50,random_state=0,cluster_std=0.6)
_____=train_test_split(X,Y,test_size=0.2,random_state=0)  #【2】划分数据集为训练集和测试集
# 标准化数据
std = StandardScaler()
X_train = std.fit_transform(X_train)
X_test = std.transform(X_test)
clf=_____            #【3】创建分类器对象，近邻数为 7
```

```
clf.fit(X_train,y_train)
score=_____                    #【4】基于测试集数据计算模型分类精度
print(" 模型分类精度评分 :",score)
# 对 [-1,1] 预测类别
X_sample=np.array([[-1,1]])
_____                          #【5】对 X_sample 预测类别
# 找到 X_sample 在训练集中的 k 个近邻
neighbors=clf.kneighbors(X_sample,return_distance=False)
print(" 点 [-1,1] 在训练集中的 k 个近邻 :",neighbors)
print(" 预测值: ",Y_sample)
# 分类结果可视化，利用直线表示出训练集中与数据点 [-1,1] 距离最近的 K 个点
plt.rcParams['font.sans-serif'] = ['SimHei']
plt.rcParams["axes.unicode_minus"]=False
plt.title(" 训练集中与 [-1,1] 距离最近的 K 个点图示 ")
plt.scatter(X_train[:,0],X_train[:,1],c=y_train,s=100)
plt.scatter(X_sample[:,0],X_sample[:,1],marker="x",c="red",s=100)
for i in neighbors[0]:
    plt.plot([X_train[i][0],X_sample[0][0]],[X_train[i][1],X_sample[0][1]],"k--",linewidth=0.6)
plt.show()
```

程序运行结果如图 6-12、图 6-13 所示。

模型分类精度评分：1.0
点 [-1,1] 在训练集中的k个近邻：[[4 28 13 14 27 19 34]]
预测值： [2]

图 6-12　Spyder IPython 控制台展示效果

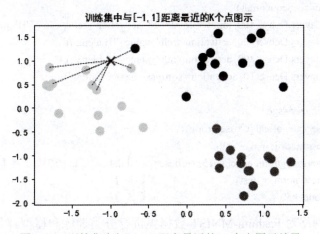

图 6-13　训练集中与 [-1,1] 距离最近的 K 个点图示效果

注意：只可补全代码，不可修改或删除横线处以外任何代码。
请从以下选项中选择正确的代码填入相应的横线处，补全程序。

A．Y_sample=clf.predict(X_sample)

B．import train_test_split

C．KNeighborsClassifier(n=7)

    D．X_train,X_test

    E．clf.score(X_test,y_test)

    F．KNeighborsClassifier(n_neighbors=7)

    G．clf.score(X_test)

    H．X_train,X_test,y_train,y_test

    I．Y_sample=clf.predict(X_test)

    J．from sklearn.model_selection import train_test_split

    3．打开素材文件夹下的程序文件"sy6-4-3.py"，阅读和分析程序，按下列要求完成题目，并以原文件名保存。

```
导入库
import tensorflow as tf
import matplotlib.pyplot as plt
fashion_mnist = tf.keras.datasets.fashion_mnist
(X_train, y_train), (X_test, y_test) = fashion_mnist.load_data()      #【_1_】
# 利用 reshape 函数转换数字图像
X_train_reshape = X_train.reshape(X_train.shape[0], 28*28)
X_test_reshape = X_test.reshape(X_test.shape[0], 28*28)
# 归一化数字图像
X_train_norm, X_test_norm = X_train_reshape / 255.0, X_test_reshape / 255.0
# 显示训练集第 11 个图像
plt.figure()
plt.imshow(X_train[10], cmap='gray')
plt.show()
# 构建 Sequential 模型
model = tf.keras.models.Sequential()
model.add(tf.keras.layers.Dense(400, input_dim=28*28, activation='relu', name='Hidden1'))      #【_2_】
model.add(tf.keras.layers.Dense(500, activation='relu', name='Hidden2'))
model.add(tf.keras.layers.Dense(300, activation='relu', name='Hidden3'))
model.add(tf.keras.layers.Dense(10, activation='softmax', name='Output'))
# 模型编译
model.compile(optimizer='sgd',
        loss='sparse_categorical_crossentropy',
        metrics=['accuracy'])
model.fit(X_train_norm, y_train, epochs=15, verbose=2, validation_split=0.2)      #【_3_】
model.evaluate(X_test_norm, y_test)                    #【_4_】
model.save('my_model.h5')                    #【_5_】
```

    程序通过神经网络对 Fashion-MNIST 数据集进行分类训练和模型评估。请针对程序中 5 处【_题号_】所在的代码行，从以下选项中选择对该行恰当的代码解释，并将选项编号填入【 】内，如【A】，编号不区分大小写。

    A．保存 Fashion-MNIST 数据集

    B．以 my_model.h5 为名保存模型

    C．模型训练，将训练样本的 20% 为验证集，迭代次数达到 15 时结束训练，并显示不包含进度条的日志信息

D．模型训练，将训练样本的 80% 为验证集，迭代次数达到 15 时结束训练，并显示不包含进度条的日志信息

E．打印名为 my_model.h 的模型

F．添加名为 Hidden1 的隐藏层，该层包含 28*28 神经元，输入维度为 400，激活函数为 relu

G．模型评估

H．添加名为 Hidden1 的隐藏层，该层包含 400 神经元，输入维度为 28*28，激活函数为 relu

I．模型测试

J．载入 Fashion-MNIST 数据集

程序运行结果如图 6-14、图 6-15 所示，结果可能存在随机性。

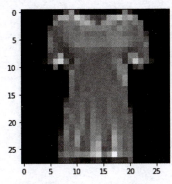

图 6-14　深度学习实践 1

```
Epoch 1/15
1500/1500 - 3s - loss: 0.7418 - accuracy: 0.7557 - val_loss: 0.5200 - val_accuracy: 0.8196
Epoch 2/15
1500/1500 - 3s - loss: 0.4829 - accuracy: 0.8319 - val_loss: 0.4666 - val_accuracy: 0.8310
Epoch 3/15
1500/1500 - 3s - loss: 0.4338 - accuracy: 0.8473 - val_loss: 0.4185 - val_accuracy: 0.8527
Epoch 4/15
1500/1500 - 3s - loss: 0.4027 - accuracy: 0.8583 - val_loss: 0.4331 - val_accuracy: 0.8447
Epoch 5/15
1500/1500 - 3s - loss: 0.3812 - accuracy: 0.8656 - val_loss: 0.3910 - val_accuracy: 0.8630
Epoch 6/15
1500/1500 - 3s - loss: 0.3637 - accuracy: 0.8694 - val_loss: 0.3889 - val_accuracy: 0.8643
Epoch 7/15
1500/1500 - 3s - loss: 0.3484 - accuracy: 0.8758 - val_loss: 0.3673 - val_accuracy: 0.8693
Epoch 8/15
1500/1500 - 3s - loss: 0.3378 - accuracy: 0.8788 - val_loss: 0.3625 - val_accuracy: 0.8700
Epoch 9/15
1500/1500 - 3s - loss: 0.3255 - accuracy: 0.8831 - val_loss: 0.3454 - val_accuracy: 0.8755
Epoch 10/15
1500/1500 - 3s - loss: 0.3152 - accuracy: 0.8858 - val_loss: 0.3552 - val_accuracy: 0.8740
Epoch 11/15
1500/1500 - 3s - loss: 0.3064 - accuracy: 0.8880 - val_loss: 0.3345 - val_accuracy: 0.8805
Epoch 12/15
1500/1500 - 3s - loss: 0.2984 - accuracy: 0.8917 - val_loss: 0.3496 - val_accuracy: 0.8729
Epoch 13/15
1500/1500 - 3s - loss: 0.2892 - accuracy: 0.8954 - val_loss: 0.3372 - val_accuracy: 0.8740
Epoch 14/15
1500/1500 - 3s - loss: 0.2813 - accuracy: 0.8986 - val_loss: 0.3339 - val_accuracy: 0.8783
Epoch 15/15
1500/1500 - 3s - loss: 0.2751 - accuracy: 0.8994 - val_loss: 0.3322 - val_accuracy: 0.8800
313/313 [==============================] - 0s 922us/step - loss: 0.3534 - accuracy: 0.8731
```

图 6-15　深度学习实践 2

注意：此题仅进行阅读和分析，无须运行和调试。

参 考 文 献

[1] 刘垚. 人工智能基础 [M]. 上海：华东师范大学出版社，2021.

[2] 任云晖，丁红，徐迎春. 人工智能概论 [M]. 2 版. 北京：中国水利水电出版社，2022.